小流量微压滴灌技术理论与实践

张林　吴普特　朱德兰　范兴科　等　著

中国水利水电出版社
www.waterpub.com.cn

·北京·

内 容 提 要

本书针对目前滴灌系统存在的能耗高和初期建设成本大等问题，提出了小流量微压滴灌技术，通过理论分析、试验研究和数值模拟相结合的方法，不仅研究了小流量微压滴灌系统本身的问题，而且还将系统与土壤、作物结合起来，研究了系统对土壤水分运动及作物生长的影响，避免了孤立地就水论水。本书共 7 章，第 1～2 章通过理论分析提出了小流量微压滴灌技术理念；第 3～5 章重点研究了小流量微压滴灌系统水力性能，包括抗堵性能、灌溉质量和灌水小区水力设计等问题；第 6 章主要研究了小流量微压滴灌对土壤水分运动的影响；第 7 章重点研究了小流量微压滴灌在一些作物中的应用效果，包括温室生菜、室外盆栽辣椒和大田苹果等。

本书可作为农业水土工程等专业研究生和高年级本科生的参考教材，也可供相关专业的科研、教学和工程技术人员参考。

图书在版编目（ＣＩＰ）数据

小流量微压滴灌技术理论与实践 / 张林等著. -- 北京：中国水利水电出版社，2019.8
ISBN 978-7-5170-7926-2

Ⅰ．①小… Ⅱ．①张… Ⅲ．①滴灌—研究 Ⅳ．①S275.6

中国版本图书馆CIP数据核字(2019)第180641号

书　　名	**小流量微压滴灌技术理论与实践** XIAO LIULIANG WEIYA DIGUAN JISHU LILUN YU SHIJIAN	
作　　者	张林　吴普特　朱德兰　范兴科　等　著	
出版发行	中国水利水电出版社 （北京市海淀区玉渊潭南路 1 号 D 座　100038） 网址：www.waterpub.com.cn E-mail：sales@waterpub.com.cn 电话：（010）68367658（营销中心）	
经　　售	北京科水图书销售中心（零售） 电话：（010）88383994、63202643、68545874 全国各地新华书店和相关出版物销售网点	
排　　版	中国水利水电出版社微机排版中心	
印　　刷	清淞永业（天津）印刷有限公司	
规　　格	184mm×260mm　16 开本　10 印张　243 千字	
版　　次	2019 年 8 月第 1 版　2019 年 8 月第 1 次印刷	
定　　价	**58.00** 元	

　　滴灌是通过各级管道和灌水器将水直接输送到作物根区土壤，实现由"浇地"向"浇作物"的转变，其节水效果显著。滴灌技术问世半个多世纪以来，在世界各地，尤其是水资源短缺的干旱半干旱地区得到广泛应用。特别是以色列，因其节水高效的滴灌农业享誉全球。

　　长期以来，两个问题制约了滴灌技术的推广应用：一是使用成本高，二是对水质要求严格。自20世纪70年代，我国从墨西哥引入滴灌技术以来，众多的科技工作者和科研前辈为其广泛应用呕心沥血。但是，直到20世纪末，滴灌技术在我国推广一直处于徘徊不前的局面，究其原因主要是成本高昂，农民用不起。

　　我国滴灌技术第一次革命性突破是新疆天业（集团）有限公司研发的薄壁滴灌带和膜下滴灌技术，这极大地改变了滴灌技术的"贵族"身份，使亩均成本由几千元降低到几百元，滴灌技术不再仅适用于高附加值的经济作物，而且能广泛用于各种大田作物，实现节水增产增效的三重目标。经过20年的发展，我国新疆滴灌面积已突破300万 hm²，成为世界滴灌面积推广最大的地区之一。

　　由于农业是国民经济的基础，农田水利特别是灌溉是农业的命脉，但农业也是弱势产业，对灌溉成本上涨的忍受能力较低。因此，使滴灌更廉价、更节水、更增产、更高效，仍然是我国广大农业水利科技工作者矢志不移的追求。

　　本书深刻总结了作者近十五年来在滴灌方面的研究成果，提出了小流量微压滴灌技术，系统论述了小流量微压滴灌系统抗堵性能、灌溉质量、水力设计和应用效果等问题。本书共包括7章。第1~2章详细介绍了小流量微压滴灌技术思想起源，充分论证了小流量微压滴灌技术可行性。第3~5章重点研究了小流量微压滴灌系统水力性能，包括抗堵性能、灌溉质量和灌水小区水力设计等问题。第6章主要研究了小流量微压滴灌对土壤水分运动的影响，从而为小流量微压滴灌技术应用参数的确定提供一定的理论依据。第7章重点研究了小流量微压滴灌在一些作物中的应用效果，包括温室生菜、室外盆栽辣椒和大田苹果等，结果表明小流量微压滴灌有利于作物生长，可提高作物产量和水分利用效率。

本书是在国家"863"计划项目（2006AA100214、2010AA10A302）、国家科技支撑计划项目（2011BAD29B02、2015BAD22B01-02）和宁夏回族自治区重点研发计划课题（2018BBF02006）支持下完成的，在此表示感谢。

本书编写分工如下：第1~2章由张林和朱德兰撰写，第3章由张林和郑超撰写，第4~6章由张林、吴普特和范兴科撰写，第7章由张林、蔡耀辉和安伯达撰写。全书由张林统稿。

由于作者水平有限，书中难免有疏漏和不妥之处，敬请读者批评指正。

作者

2019 年 7 月

目录

第 1 章

绪　　论

1.1　降低系统成本是滴灌技术发展和应用的前提

随着水资源形势的日益严峻，节水农业越来越受到重视（山仑等，2000，2004，2006；康绍忠等，1999，2001，2004a，2004b；吴普特等，2003，2005，2006a，2006b；许迪等，2003；孙景生等，2000）。滴灌作为当今最先进和最行之有效的节水灌溉技术之一，是我国农业节水的一条重要途径（胡笑涛等，2000；魏正英，2003；王新坤，2004；张亚哲等，2007；任理等，2008）。滴灌属于局部灌溉，根据作物对于水分的需要，通过低压管道系统、机泵或高差对水加压，经过压力输水管道，输送到安装在田间的末级管道上的特制灌水器（滴头），由灌水器将作物生长所需的水分和养料以较小的流量均匀、缓慢而又准确地直接输送到作物根部附近的土壤中，使作物根系活动区的土壤经常保持在最佳的水、肥、气含量状态，因此它具有节水增产、省工节肥及对地形适应能力强等许多优点（Kirnak et al.，2004；Wei et al.，2003）。表 1-1 给出了微灌与其他灌溉方式相比的节水和增产效果，表 1-2 比较了传统灌溉与微灌的水分生产效率（李光永，2001）。

表 1-1　　　　　　　　　　　　　微灌的节水和增产效果

作物	增产/%		节水/%		资料来源
	与地面灌比较	与喷灌比较	与地面灌比较	与喷灌比较	
鳄梨				50	以色列
香蕉	109	38			爱尔兰
椰子	75～100	75～100	60	60	印度
棉花	93	60～100			西班牙
辣椒	64				埃及
甘蔗	22	35	33	15	英国、马拉维
西红柿	27		35		美国

表 1-2   不同灌水方法的水分生产效率

作　物	土豆	棉花	柑橘	鳄梨	苹果	香蕉
传统灌溉的水分生产效率/(kg/m³)	4.00	0.71	4.16	0.82	1.82	0.59
微灌的水分生产效率/(kg/m³)	10.00	1.00	5.00	1.25	4.00	1.54
微灌较传统灌溉提高的百分比/%	150	40	20	52	120	161

我国自 1974 年从墨西哥引进滴灌技术以来，其在我国的发展已有 40 多年的历史，大体经历了以下四个阶段（王留运等，2000；李久生等，2016）。

第一阶段（1974—1979 年）：引进滴灌设备、消化吸收、设备研制和应用试验与试点阶段。1980 年研制生产了我国第一代成套滴灌设备，从此我国有了自行设计生产的滴灌设备产品。

第二阶段（1980—1986 年）：设备产品改进和应用试验研究与扩大试点推广阶段。由滴灌设备产品改进配套扩展到微喷灌设备产品的开发，微喷灌设备研制与生产厂由一家发展到多家，微灌试验研究取得了丰硕成果，从应用试点发展到较大面积推广应用。

第三阶段（1987—2000 年）：直接引进国外的先进工艺技术，高起点开发研制微灌设备产品。这阶段由于许多地区连续干旱，水资源短缺加剧，城市人口急剧增加，为了解决这些问题，国家对农业节水十分重视，加大了开发研制投资力度，直接从国外引进部分先进技术和设备，使滴灌技术在我国北方果园、设施农业及蔬菜保护地有了较大发展。

第四阶段（2001 年至今）：通过不断的实践与创新，逐步实现了关键设备的国产化和系列化，形成多个符合我国国情又具有明显地域特色的微灌技术应用模式，并制定了微灌产品和微灌工程技术规范行业标准，使微灌工程建设与运行管理逐步走向规范，我国的微灌技术已逐步趋于成熟。

截至 2013 年年底，我国已发展微灌面积 385.7 万 hm²（李久生等，2016），但微灌面积仍只占我国有效灌溉面积的 6.07%。同时，世界滴灌面积总体比例也很低。究其原因就是滴灌技术比较昂贵，系统建设初期投资比较大，且运行费用比较高。滴灌的主要技术与设备源于农业发达的以色列和美国（徐建海等，2001），一开始使用便被称为"昂贵"的灌水技术，主要用于经济效益高的作物。随着技术不断进步，尤其是一次性薄壁滴灌带的出现，使得滴灌工程投资有所降低，应用范围也有所扩大，但从总体看，并未完全从昂贵中走出来。

滴灌工程最核心的部位是毛管，以新疆棉花滴灌为例，每公顷土地毛管的平均使用量11100m（一管两行），耐压等级不同，壁厚不同，毛管造价范围为 2100～12750 元，再加上首部枢纽、地下管道和地面支管等输水管道，每公顷首次投资达 7500～22500 元，即若采用国产滴灌设备，目前棉花滴灌每公顷最低投资为 7500 元，最高价约为最低价的 3 倍，若采用以色列、美国等国家的滴灌带，则每公顷价格高达 22500 元以上（王留运等，1999，2000；王伟等，2000），农户只能望"洋"兴叹，而且就我国目前农村体制来看，基本是以"户"为单位进行农业生产，即使最低价农民也难以承受（董文楚，1998；童水森等，1999），所以滴灌技术昂贵的市场价格成为该技术在大田中大面积推广的最重要制约因素（傅琳，1998）。因此，降低滴灌系统造价是广大科研工作者和滴灌生产厂家亟须解决的问题。

1.2 降低灌水器工作压力是降低系统成本的突破口

1.2.1 降低灌水器工作压力的必要性

滴灌管网一般由首部枢纽（加压泵、过滤器、施肥器）、干管、支管、毛管、灌水器等部分组成。灌水器工作压力影响到滴灌系统的各组成部分。

降低灌水器工作压力，能减少首部枢纽及运行费用。首部压力由管道（包括水泵吸水管、干管、支管、毛管等）沿程水头损失、局部水头损失、灌水器工作压力和地形高差等部分构成，可按式（1-1）计算（傅琳等，1987）：

$$H = \sum h_{\mathrm{f}} + \sum h_{\mathrm{j}} + h_{\mathrm{d}} + \Delta Z \tag{1-1}$$

式中：H 为首部压力，m；$\sum h_{\mathrm{f}}$ 为管道沿程水头损失，m；$\sum h_{\mathrm{j}}$ 为管道局部水头损失，m；h_{j} 为灌水器设计工作压力，m；ΔZ 为灌水区与水源面的地面高程之差，m。

当灌溉地形确定时，ΔZ 为恒值，水头损失与管道流量、直径有关，管道流量、直径可在满足水力学要求的基础上优化设计得到，因此，干管进口压力降低与否直接与灌水器工作压力有关。同时，干管进口压力决定水泵扬程和电动机功率，在同一流量下，加压机组的投资与系统压力大小呈正相关，例如，流量为 50m³/h、扬程为 20m 的水泵，单价为 1500 元；流量为 50m³/h、扬程为 50m 的水泵，单价为 3000 元（朱尧洲，1989）。干管进口压力决定了运行费用，运行费用按式（1-2）计算：

$$F = \frac{\gamma EQHT}{\eta} \tag{1-2}$$

式中：F 为运行费用，元/年；γ 为水的容重，kN/m^3；Q 为流量，m^3/h；H 为水压力，m；T 为水泵年运行时数，h；E 为电费，元/(kW·h)；η 为水泵工作效率。

由式（1-2）可以看出，首部压力 H 越大，运行费用越高。

降低灌水器工作压力可降低管网系统投资。滴灌管网由干管、支管和毛管组成。一般情况下，当地形平坦时，由于灌水质量的要求，毛管进口压力约为灌水器工作压力的 1.2 倍，支管工作压力约为灌水器工作压力的 1.4 倍（Valiantzas et al.，2005），干管进口压力等于支管进口水压力与干管水头损失之和，因此灌水器设计工作压力越大，所要求的干管、支管和毛管水压力越大，而管材厚度与管道工作压力成正比，见式（1-3）（朱树人，1999）：

$$e = \frac{DP}{2[\sigma]} \tag{1-3}$$

式中：D 为管道外径，mm；P 为管内水压力，kN/m^2；$[\sigma]$ 为管材的抗拉强度，kN/m^2；e 为管材厚度，mm。

由式（1-3）可知，管内水压力越大，需要的管壁越厚，而管壁厚度决定了管道耗材量，厚度越大，耗材量越大，造价越高。

降低灌水器工作压力可降低灌水器造价。灌水器额定工作压力越大，相同流量下灌水器流道越长或越细，灌水器结构相对复杂，流道细则加工难度大，灌水器制造成本越高（王广智等，1998；王新华，1998）。因此，利用滴灌将水从水源灌入田间，灌水器设计工作压力影响到系统的各组成部分，压力越高，各部分造价越高。

1.2.2　降低灌水器工作压力的可行性

多年来，滴灌系统压力常用 8～10m（郭庆人等，2000；徐建海等，2001；关新元等，2002；赵万华等，2003）。例如，以色列 Plastro 公司和 Lego 公司生产的 TORNADO 大流道灌水器、KATIF 压力补偿式灌水器、SUPERTIF 压力补偿式灌水器和 TUEFTIF 紊流灌水器等，额定工作压力均为 10m，Netafim 公司生产的 PCJ 型管上式迷宫灌水器最小工作压力为 5m；美国雨鸟公司，澳大利亚哈迪公司，我国北京绿源公司、山东莱芜塑料制品厂生产的灌水器工作压力均为 5～20m。上述常用值使滴灌具备了能适应各种田面地形而不降低灌水均匀度的巨大优点，因而从来没有人对此值的选择依据详细论证并提出改进方法。在强调节约能源、降低系统造价的背景下，出现了薄壁滴灌带（杨树寻等，1999；秦为耀等，2000），例如，澳大利亚 Hardie 滴灌带，当壁厚为 0.2mm 时，推荐的最小额定工作压力为 2.8m；美国雨鸟公司的 TPC 型压力补偿式滴灌带，壁厚 0.225mm 时，推荐的最小额定工作压力为 4m。为了进一步降低滴灌造价，出现了温室重力式滴灌。重力式滴灌具有在低压下工作（2m 以下）、流量小（1～2L/h）等特点。该特点顺应了滴灌发展的潮流。重力式滴灌的成功应用，从实践上说明，在大多数条件下灌水器工作压力有大幅度降低的潜力。但是，在不同的地形条件下，在不牺牲滴灌优点的前提下，滴灌系统压力不能无限降低或随意取值，所以，有必要从理论上对该问题作深入研究，分析灌水器工作压力取值依据和降低的可能性。

进行滴灌水力计算时，首先需确定灌水器设计工作压力和设计流量，然后选定灌水器，使灌水器额定工作压力、额定流量与灌水器设计工作压力、设计流量相匹配。灌水器设计工作压力、设计流量与额定工作压力、额定流量有不同的内涵。灌水器出厂时，制造厂提供一系列水力参数，如工作压力范围、额定工作压力、额定流量、流态指数等，工作压力范围是一个区间，最低值称为最小工作压力，最高值称为最大工作压力，在此压力范围内，制造厂应保证灌水器正常运行，而且压力和流量满足：

$$q_n = kH_n^x \qquad\qquad (1-4)$$

式中：q_n 为流量，L/h；H_n 为压力，m；k 为制造系数；x 为流态指数。

额定工作压力是工作压力范围内的一个压力（常常是工作压力范围内的中间值或中偏大值），又称最佳工作压力，灌水器在最佳工作压力下工作时的出流量称为额定流量，灌水器制造厂希望滴灌设计者和操作者尽可能使灌水器工作在该压力点或附近（马福才等，1992）。灌水器设计流量、设计工作压力与田面微地形、土壤、作物有关。设计流量需在满足作物灌溉制度的条件下使系统投资最小，同时要使滴水量的入渗速率在土壤的最小和最大入渗速率之间（王新华，1998；张丰等，1999），所以，灌水器设计流量的确定有章可循、有理可依。设计工作压力是设计者确定的滴灌系统运行时灌水器工作压力。目前，在滴灌工程设计过程中，设计者往往参考生产厂家提供的灌水器水力参数，选定与设计流量相匹配的灌水器额定工作压力作为设计工作压力，灌水器额定工作压力常用值为 8～10m，导致设计工作压力值也为 8～10m。本来应该先确定灌水器设计工作压力，然后选择灌水器，使灌水器额定工作压力与设计工作压力相匹配，而目前设计中则由额定工作压力决定设计工作压力，究其实质，是因为没有理论来指导设计工作压力如何取值，没有人研究为什么灌水器额定工作压力常用值为 8～10m，而不是 1～4m，甚至更低。对灌水器额定工作压力传统的理解是：灌水器额定工作压力和额定流量是"与生俱来"的，是其内部特性（结构、尺寸、材料等）的外在表现，滴灌系统设计者无法改变，只能去适应。诚然，灌水器一经生产出来，其额定工作压力和额定流量是"与生俱来"的，设计者无法改变，但是研究者却能指导生产厂家生产什么样的灌水器。例如，在大多数情况下，灌水器设计工作压力为 1m、设计流量为 3L/h，而不是 10m、3L/h，设计者需要"额定工作压力为 1m、额定流量为 3L/h"的灌水器，换句话说"1m 额定工作压力与 3L/h 额定流量匹配"的灌水器比"10m 额定工作压力与 3L/h 额定流量匹配"的灌水器更有市场前景，生产厂家马上会生产出"1m 额定工作压力与 3L/h 额定流量匹配"的灌水器，所谓"需要是第一生产力"。那么，市场上是否需要"1m 额定工作压力与 3L/h 额定流量匹配"的灌水器成为该问题的核心。

由于田面不平整（相对于均匀坡）或设计中的简化（如非水平面按水平面设计），会使一条毛管上的某些灌水器的位置高程偏离设计高程，当灌水器高程低于设计高程时，灌水器的实际工作压力将高于设计值，将 ΔZ_2 定义为正偏离；当灌水器高程高于设计高程时，灌水器的实际工作压力将低于设计工作压力，将 ΔZ_1 定义为负偏离，则田面局部高差 $\Delta Z = \Delta Z_2 - \Delta Z_1$（聂世虎等，2002）。朱德兰等于 2003 年在滴灌运用较多的田块，随机选择地块测量田面微地形，测量田块有新疆生产建设兵团的棉田、温室、果园，共测量棉花地 70hm^2（测点 800 个）、日光温室 50 个（测点 1000 个）、果园 35hm^2（测点 400 个），经统计分析得出温室、棉田、果园田面局部高差分别为 0.1m、0.2m、0.5m。以毛管作为研究对象，在地面坡度为零的情况下，取允许流量偏差率为 20%，经优化计算，温室、棉田、果园的灌水器设计工作压力分别为 0.4m、1m、2.48m。这一结论初步为重力式滴灌成功地应用于温室找到依据，同时也说明，目前的灌水器设计工作压力常用值（8～10m）实际上引起了压力（能量）的浪费，灌水器设计工作压力有大幅度降低的潜力。

1.3　主要研究内容

针对目前滴灌技术存在的系统能耗高和初期建设成本大等问题，本书提出了小流量微压滴灌技术，并对其作了大量的应用基础性研究。通过理论分析、试验研究和数值模拟相结合的方法，不仅研究了小流量微压滴灌系统本身的问题，而且还将系统与土壤、作物结合起来，研究了系统对土壤水分运动及作物生长的影响，这样避免了孤立地就水论水，而是将水、土壤和作物三者结合起来进行系统研究。

本书共安排了 7 章。第 1～第 2 章，通过理论分析提出了小流量微压滴灌技术理念。第 3～第 5 章，重点研究了小流量微压滴灌系统水力性能，包括抗堵性能、灌溉质量和灌水小区水力设计等问题。第 6 章主要研究了小流量微压滴灌对土壤水分运动的影响，从而为小流量微压滴灌技术应用参数的确定提供一定理论依据。第 7 章重点研究了小流量微压滴灌在一些作物中的应用效果，包括温室生菜、室外盆栽辣椒和大田苹果等。本书具体内容如下。

1. 小流量微压滴灌技术的提出

系统昂贵依然是滴灌技术发展的重要制约因素，降低系统成本是滴灌技术大面积推广应用的前提和基础。通过理论分析指出，降低灌水器工作压力是降低系统成本的突破口。从经济性角度出发，以毛管为研究对象，以年综合费用为目标函数，以灌水均匀度为约束条件，构建灌水器设计工作压力计算方法；在此基础上，根据棉田、温室、果园田面微地形情况，分析确定棉田、温室、果园应采用的灌水器工作压力值，并探讨了滴灌系统灌水器设计工作压力降低的可能性。

降低滴灌系统灌水器工作压力，虽然能使系统成本大幅减小，但同时会对系统灌溉质量产生不利影响。为此，本书以现代水力学为基础，从理论上较为系统地分析了毛管管径、灌水器工作压力和流量与系统灌溉质量及毛管极限铺设长度的关系，并指出可通过同步降低滴灌系统工作压力、适当增大毛管管径、适当减小灌水器设计流量及管道壁厚等 4 种技术途径来实现既降低滴灌系统成本又保证系统灌溉质量的双重目标，由此提出了小流量微压滴灌技术理念，并对其可行性和经济性进行了分析。

2. 小流量微压滴灌系统的水力性能

小流量微压滴灌虽然能降低系统成本，但是灌水器较低的工作压力和较小的设计流量会降低水流在灌水器微小流道中的运动速度，使水流中的一些固定颗粒和杂质沉降下来，导致灌水器更易发生堵塞。为此，本书以滴灌灌水器最常用的迷宫流道为对象，重点研究了灌水器迷宫流道内水流流态和水头损失规律，分析了动态水压供水模式对灌水器迷宫流道水沙运动的影响，对比了恒定水压和动态水压供水条件下灌水器抗堵能力，并建议在工程实践中采用动态水压供水模式提高小流量微压滴灌系统抗堵能力。

为了不以牺牲系统灌溉质量来换取成本的降低，通过试验研究了微压条件下毛管进口压力、铺设长度、铺设坡度及管径等因素对灌水均匀度的影响，给出了一些参数的取值范围，分析了各因素影响灌水均匀度的程度，提出了对地形适当分区等改进和提高小流量微压滴灌系统灌溉质量的途径和措施。同时，为了提高小流量微压滴灌系统设计精度，从水力学的基本原理出发，通过对不同坡度毛管水头损失变化规律的分析，确定出不同坡度条件下滴灌系统最大、最小工作压力灌水器的分布情况，在此基础上建立了均匀坡度下滴灌系统流量偏差率与制造偏差率、水力偏差率和地形偏差率三者之间的函数关系，推导出考虑三偏差的滴灌系统综合流量偏差率计算方法，并提出小流量微压滴灌系统灌水小区设计方法。

3. 小流量微压滴灌条件下的土壤水分运动规律

为了进一步探讨小流量微压滴灌技术的可行性和科学性，同时，也为了科学地确定灌水器适宜流量，进行了小流量微压滴灌条件下土壤水分运移规律试验研究，针对砂壤土和黏壤土，重点分析了不同灌水器流量（尤其小流量）和灌水量对土壤水分运动状况的影响。依据小流量微压滴灌条件下土壤水分运动特征，结合非饱和土壤水动力学理论，建立了小流量微压滴灌条件下土壤水分运动数学模型，利用试验数据对模型进行了验证；在此基础上，针对不同作物和土壤类型，初步提出了滴灌系统中灌水器适宜流量的确定方法。

4. 小流量微压滴灌技术应用效果

任何灌水技术都是以应用为目标的，目的是为有效地给作物生长提供所需要的水分，以提高作物产量和水分利用效率。灌水技术不同，其应用效果也不同。通过小流量微压滴灌条件下温室生菜、室外盆栽辣椒以及大田苹果等试验，分析了小流量微压滴灌对作物生长及产量和品质的影响，以探究小流量微压滴灌技术实际应用效果。

第 2 章

小流量微压滴灌技术的提出

2.1 滴灌系统工作压力降低的理论依据

众所周知，滴灌具有适应各种地形的优点，但是这个优点来自于灌水器设计工作压力的高取值。目前，现行滴灌系统灌水器设计工作压力取值一般为 8～10m，这虽然扩大了滴灌技术对地形的适应性，但却忽略了大面积的滴灌系统都是建立在平原地区和温室大棚中，这些地区地形相对平坦，田面高差起伏较小，从而浪费了滴灌技术对地形的适应能力，使得设计工作压力在一定程度上变成了一种闲置的能量，造成了能量的无效浪费（张国祥等，2005；牛文全等，2005）。究其实质，是因为没有理论来指导灌水器设计工作压力如何取值。为此，本章从经济性角度出发，以毛管为研究对象，以年综合费用为目标函数，以灌水均匀度为约束条件，构建灌水器设计工作压力计算方法；在此基础上，根据棉田、温室、果园田面微地形情况，分析确定棉田、温室、果园应采用的灌水器工作压力值，并探讨滴灌系统灌水器设计工作压力降低的可能性。

2.1.1 平地上滴灌系统灌水器设计工作压力的确定

在工程实践中，绝大多数滴灌系统布置在地形平坦的地方，因此首先对平坦地形条件下的滴灌系统灌水器设计工作压力确定方法进行研究，并构建以毛管年综合费用最低为目标函数，灌水均匀度为约束条件的灌水器设计工作压力计算方法。

2.1.1.1 毛管价格函数

水流由管道经灌水器流出，灌水器进口水压力等于灌水器内部对水流的摩擦阻力与出口的流速水头之和，并满足如下能量平衡方程（李远华，1999）：

$$H_d = H_{ef} + \frac{q^2}{2gA^2} \text{ 或 } q = A\sqrt{2g(H_d - H_{ef})} \qquad (2-1)$$

式中：H_d 为灌水器设计工作压力，m；A 为灌水器过水断面面积，m^2；H_{ef} 为灌水器内部对水流的摩擦损失，m；q 为灌水器流量，m^3/s。

由式（2-1）可以看出，灌水器流量与其工作压力、过水断面面积、内部流道对水流的阻力有关。为了保证灌水器在小流量下工作并具有稳定的出流量，灌水器工作压力越大，相同流量下灌水器流道越长或过水断面越小，灌水器结构相对复杂，流道细则加工难度大，灌水器价格相对较高。同时，灌水器工作压力作为系统压力的一部分，设计压力越大，系统运行费和要求的管道系统压力越高，所以从经济性考虑，灌水器设计工作压力越低越经济。然而已有研究表明，灌水器工作压力越低，系统灌水均匀性越差（牛文全，2006），因此，灌水器设计工作压力的合理取值不仅要满足经济性要求，而且需同时满足灌水质量要求。

田面高低不平是实际存在的自然现象，毛管铺设在上面，由于田面不平整使某些灌水器位置高程偏离设计高程。当灌水器位置高程低于设计高程时，灌水器实际工作压力将高于设计值；当灌水器位置高程高于设计高程时，灌水器实际工作压力将低于设计值，进而引起流量偏差。为了使这种偏差限制在允许范围内必然对灌水器设计工作压力提出一定要求，灌水器设计工作压力越高，这种偏差所占比重越小。因此，灌水器设计工作压力的确定应以毛管为对象、以灌水均匀度作为约束条件进行研究。

毛管年综合费用主要包括材料投资和年运行费，可用式（2-2）表示：

$$W = \frac{CV}{t} + 2.777 \times 10^{-6} ETQH \tag{2-2}$$

式中：W 为毛管年综合费用，元；V 为毛管耗材量，m^3；C 为毛管材料单价，元/m^3；E 为电费，元/（kW·h）；T 为毛管年工作小时数，h；Q 为毛管进口流量，L/h；H 为毛管进口压力，m；t 为毛管折算年限，年。

式（2-2）中 V 与毛管壁厚、毛管内径和毛管长度有关，可按式（2-3）计算：

$$V = 10^{-6} \pi (De + e^2) L \tag{2-3}$$

式中：e 为毛管壁厚，mm；D 为毛管内径，mm；L 为毛管长度，m。

毛管壁厚 e 的计算分析如下：

$$2\sigma e = \int_0^\pi \frac{D}{2} p \sin Q \mathrm{d}Q = pD \tag{2-4}$$

则

$$e = \frac{pD}{2\sigma} = \frac{\gamma HD}{2\sigma} \tag{2-5}$$

式中：p 为毛管进口工作压力，kN/m^2；σ 为管道允许拉应力，$10^{-1} kN/m^2$；γ 为水的容重，为 $9.8kN/m^3$；H 为毛管最大水压力，m。

将式（2-3）、式（2-5）代入式（2-2）得：

$$W = \frac{10^{-6} \pi \gamma^2 CLD^2 H^2}{4\sigma^2 t} + \frac{10^{-6} \pi \gamma CLD^2 H}{2\sigma t} + 2.777 \times 10^{-6} ETQH \tag{2-6}$$

令 $K_1 = \dfrac{10^{-6} \pi \gamma^2 CL}{4\sigma^2 t}$ 和 $\alpha = 2.777 \times 10^{-6} ET$，则式（2-6）变为

$$W = K_1 D^2 H^2 + 2\sigma \gamma^{-1} K_1 D^2 H + \alpha QH \tag{2-7}$$

式（2-7）即为毛管年综合费用计算公式，该公式适用于任何压力管道。

2.1.1.2　灌水质量指标

灌水器流量偏差由水力偏差、田面微地形高差和灌水器制造偏差引起，灌水器最大流量偏差率可近似表示（张国祥，2006）为

$$q_{v\max} = q_{hv} + q_{mv} + q_{zv} \tag{2-8}$$

式中：q_{vmax} 为灌水器最大流量偏差率，%；q_{hv} 为灌水器水力流量偏差率，%；q_{mv} 为灌水器制造流量偏差率，%；q_{zv} 为微地形引起的流量偏差率，%。

当灌水器选定后，q_{mv} 为定值，q_{vmax} 取值由《微灌工程技术规范》（GB/T 50485—2009）给出，令 $q_v = q_{vmax} - q_{mv}$，则 q_v 为定值。由式（2-8）得

$$q_{hv} = q_v - q_{zv} = q_v - \frac{\Delta Z x}{H_d} \qquad (2-9)$$

灌水器水力流量偏差率 q_{hv} 由水压力偏差引起，当地面坡度不大时，水压力偏差率 H_{hv} 按式（2-10）计算：

$$H_{hv} = \frac{q_{hv}}{x}\left(1 + 0.15\frac{1-x}{x}q_{hv}\right) \qquad (2-10)$$

毛管允许水头损失：

$$[\Delta h_1] = \mu H_d H_{hv} \qquad (2-11)$$

式中：μ 为系数，当毛管进口安装调压管时，水力偏差全部分配给毛管，$\mu=1$；当毛管进口无调压管时，$\mu=0.55$。$[\Delta h_1]$ 为毛管允许水头损失，m。

由式（2-9）、式（2-10）和式（2-11）可得

$$[\Delta h_1] = \mu\left[\frac{H_d q_v}{x} + \frac{0.15(1-x)H_d q_v^2}{x^2} - \frac{0.3(1-x)\Delta Z q_v}{x} - \Delta Z + \frac{0.15(1-x)\Delta Z^2}{H_d}\right]$$
$$(2-12)$$

令 $G_1 = \mu\left[\frac{0.3(1-x)\Delta Z q_v}{x} - \Delta Z\right]$，$G_2 = \mu\left[\frac{q_v}{x} + \frac{0.15(1-x)q_v^2}{x^2}\right]$ 和 $G_3 = \mu[0.15 \times (1-x)\Delta Z^2]$，则式（2-12）变为

$$[\Delta h_1] = G_1 + G_2 H_d + \frac{G_3}{H_d} \qquad (2-13)$$

毛管水头损失可按式（2-14）计算：

$$H_f = KF_1 f\frac{Q^m}{D^n}L \qquad (2-14)$$

式中：H_f 为毛管水头损失，m；K 为考虑局部水头损失的系数；F_1 为多孔系数；f 为摩擦损失系数；Q 为毛管流量，L/h；D 为毛管内径，mm；m 为流量指数；n 为管径指数；L 为毛管长度，m。

令 $[\Delta h_1]=H_f$，当已知灌水器设计工作压力、毛管直径、长度中的任意两个值时，可计算其余一个值。由式（2-13）和式（2-14）可得到毛管最大长度计算公式：

$$L_{max} = \frac{(G_1 + G_2 H_d + G_3/H_d)D^n}{KF_1 f Q^m} \qquad (2-15)$$

同理，已知毛管长度和灌水器设计工作压力，毛管直径计算公式如下：

$$D = \left(\frac{KF_1 f L Q^m}{G_1 + G_2 H_d + G_3/H_d}\right)^{\frac{1}{n}} \qquad (2-16)$$

当毛管长度和直径已知时，灌水器设计工作压力可用式（2-17）计算：

$$H_d = \frac{(H_f - G_1) + \sqrt{2(G_1 - H_f - 2G_2 G_3)}}{2G_2} \qquad (2-17)$$

毛管进口最大水压力：

$$H=H_d+[\Delta h_1]=H_d+KF_1f\frac{Q^m}{D^n}L_{max} \tag{2-18}$$

毛管进口最大水压力还可表示为

$$H=G_1+(1+G_2)H_d+\frac{G_3}{H_d} \tag{2-19}$$

将式（2-18）代入式（2-7）得到

$$W=K_1D^2H_d{}^2+2\sigma K_1D^2H_d+\alpha QH_d+2K_1KF_1fD^{2-n}Q^mL_{max}H_d+K_1(KF_1f)^2D^{2-2n}Q^{2m}L_{max}{}^2$$
$$+2\sigma K_1KF_1fD^{2-n}Q^mL_{max}+\alpha KF_1fD^{-n}Q^{m+1}L_{max} \tag{2-20}$$

将式（2-19）代入式（2-7）可得

$$W=K_1D^2\left(A_1+A_2H_d+\frac{A_3}{H_d}+A_4H_d{}^2+\frac{G_3{}^2}{H_d{}^2}\right)+\alpha Q\left[G_1+(1+G_2)H_d+\frac{G_3}{5}\right] \tag{2-21}$$

其中：
$$A_1=2\sigma G_1+G_1{}^2+2(1+G_1)G_3$$
$$A_2=2\sigma(1+G_2)+2G_1(1+G_2)+H_d$$
$$A_3=2\sigma G_3+2G_1G_3$$
$$A_4=(1+G_2)^2$$

由式（2-16）可知，D 是 H_d 的函数，因此，毛管年综合费用 W 是 H_d 的一元函数，对应于最小年综合费用的 H_d 值为灌水器最优设计工作压力。

2.1.1.3　利用黄金分割搜索法（0.618法）计算灌水器设计工作压力

当已知毛管长度，灌水器工作压力和毛管直径需通过优化方法计算。

1. 计算方法

利用黄金分割搜索法求一元函数极小值点，黄金分割搜索法有两个过程，首先利用黄金比率和二次插值确定函数的极小值点所在区间，即用尽可能少的计算量来确定一个区间，并保证函数的极小值点在这个区间内；然后用黄金分割法求一元函数的极小值，此时假设目标函数是单峰函数，且已确定了极小值点所在的区间。

（1）确定极小值点所在区间。任选区间初始点 a 和 b，初始值可选为

$$a=\frac{\Delta Zx}{0.9q_v}$$

$$b=\frac{\Delta Zx}{0.01q_v}$$

按如下步骤计算：

1）确定下降方向，设要求 $W(H_d)$ 的极小值，计算 $W(a)$ 和 $W(b)$。若 $W(a)>W(b)$，则下降方向为从 a 到 b，沿 a 到 b 的方向按黄金比率选取一点 c；若 $W(a)<W(b)$，将 a 和 b 位置进行交换，则下降方向仍为从 a 到 b，沿 a 到 b 的方向按黄金比率选取一点 c，计算 $W(c)$。

2）若 $W(a)<W(b)$，则 $[a,c]$ 即为所求区间，计算结束；若 $W(a)>W(b)$，由 $(b,W(b))$、$(c,W(c))$ 进行二次插值，求其极小值点 μ 及 $\mu lim=b+1.618034(c-b)$。

3）若 μ 在 b 和 c 之间，计算 $W(\mu)$，并作判断；若 $W(\mu)<W(c)$，则 $[b,c]$ 即为所求，计算结束；若 $W(\mu)>W(b)$，则 $[a,\mu]$ 即为所求，计算结束；若上面条件均不满足，则用黄金比率重新选点 $\mu=c+1.618034(c-b)$ 并计算 $W(\mu)$。

4）当 μ 在 c 和 μlim 之间时，若 $W(\mu)>W(c)$，则极小值点所在区间即为 $[b,\mu]$，结

束；$W(\mu) \leqslant W(c)$，则去掉离对应的极小值点最远的点，将 c 和 μ 看作新的 b、c，计算 $\mu = c + 1.618034(c-b)$ 及 $W(\mu)$，把此时的 b、c、μ 记为新的 a、b、c，转 2）；若 μ 已不在 c 和 $\mu\lim$ 之间，则将此时的 b、c、$\mu\lim$ 看作新的一组 a、b、c 转 2）。

（2）黄金分割法求满足精度要求的极小值。设已知初始三点 a、b、c 且 $W(b) < W(a)$、$W(b) < W(c)$，b 在 a 和 c 之间。

1）在（a，c）中按黄金比率再选择一点 $d \neq b$，且若 $b-a > c-b$，则将点 d 选在（a，b）中，否则选在（b，c）中，计算 $W(b)$、$W(d)$。

2）检验区间长度是否已很小，即若 $\left| \dfrac{c-a}{|b|+|d|} \right| < \xi$，则转上述步骤 4），否则转上述步骤 3）。

3）若 $W(b) < W(d)$，将 d、b、c 分别看作一组新的 a、b、c 转上述步骤 1）。

若 $W(b) < W(d)$，则将 $W(b)$ 看作极小值的近似值，b 为极小值点，否则将 d 作为极小值点，$W(d)$ 作为极小值。

2. 灌水器设计工作压力求解

利用 Visual - Basic 语言编制该程序，程序流程图见图 2-1。下列参数应作为已知量输入。

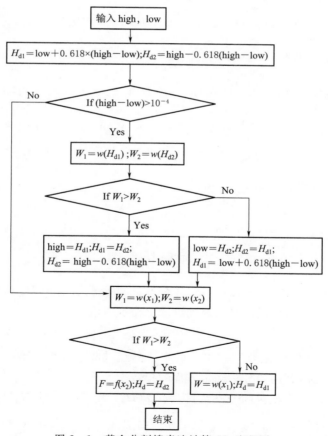

图 2-1　黄金分割搜索法计算 H_d 流程图

程序中的输入参数为：田面局部高差 ΔZ，m；总流量偏差率 $[q_v]$，%；制造流量偏差率 q_{mv}，%；管道摩擦损失系数 f、m、n；考虑局部水头损失的系数 K；灌水器流量 q_e，L/h；灌水器数量 N，个；灌水器间距 s，m；灌水器流态指数 x；管材单价 C，元/m³；管材使用寿命 t，年；管材许用应力 σ，kN/m²；电费单价 E，元/(kW·h)；滴灌管年工作时数 T，h/年。

这些输入参数均显示在 VB 程序的可视化界面上，使用者很容易操作，可输出的参数为：灌水器设计工作压力 H_d，m；水力流量偏差率 q_{hv}，%；田面高差流量偏差率 q_{zv}，%；水压力偏差率 H_{hv}，%；水头损失 H_f，m；毛管直径 D，mm；毛管年综合费用 W，元；毛管进口水头 H，m。

2.1.1.4　利用微分法计算灌水器设计工作压力

1. 计算公式

当 W 的一阶导数为零时，可得到极小值点，极小值点所对应的灌水器工作压力为灌水器最优设计工作压力。由式（2-20）可得到

$$\frac{\partial W}{\partial H_d} = 2K_1 D^2 H_d + 4\sigma K_1 D^2 + \alpha Q + 2K_1 KF_1 fD^{2-n}Q^m L_{max} + [2K_1 DH_d{}^2 + 4\sigma K_1 DH_d$$
$$+ 2(2-n)K_1 KF_1 fD^{1-n}Q^m L_{max} H_d + (2-2n)K_1 (KF_1 f)^2 D^{1-2n}Q^{2m}L_{max}{}^2$$
$$+ 2(2-n)\sigma K_1 KF_1 fD^{1-n}Q^m L_{max} - \alpha n KF_1 fD^{-1-n}Q^{m+1}L_{max}]\frac{\partial D}{\partial H_d} = 0 \qquad (2-22)$$

由式（2-21）可得到

$$\frac{\partial W}{\partial H_d} = K_1 D^2 A_2 + \alpha Q(1+G_2) + 2K_1 D^2 A_4 H_d - (K_1 D^2 A_3 + \alpha QG_3)H_d{}^{-2} - 2K_1 D^2 G_3{}^2 H_d{}^{-3}$$
$$+ 2K_1 D\left\{ A_1 + A_2 H_d + \frac{A_3}{H_d} + A_4 H_d{}^2 + \frac{G_3{}^2}{H_d{}^2} + \alpha Q\left[G_1 + (1+G_2)H_d + \frac{G_3}{H_d} \right] \right\}\frac{\partial D}{\partial H_d} = 0$$
$$(2-23)$$

由式（2-16）可得到

$$\frac{\partial D}{\partial H_d} = \frac{-\dfrac{1}{n}(KF_1 fQ^m L_{max})^{\frac{1}{n}}\left(G_2 - \dfrac{G_3}{H_d^2}\right)}{\left(G_1 + G_2 H_d + \dfrac{G_3}{H_d}\right)^{1+\frac{1}{n}}} \qquad (2-24)$$

将式（2-24）代入式（2-22）和式（2-23）得到自变量为 H_d 的两种形式的一元方程，求解方程的根，即可得到灌水器最优设计工作压力值。

2. 计算方法

求解方程式（2-22）或式（2-23）的根，需经过两个过程，第一步利用逐步扫描法确定有根区间，第二步利用二分法确定方程的根。

（1）逐步扫描法求有根区间及其数目。设 $f(H_d)$ 定义在 $[H_{d1}, H_{d2}]$ 中，$x_1 = H_{d1} = \dfrac{\Delta Zx}{0.9q_v}$；$x_2 = H_{d2} = \dfrac{\Delta Zx}{0.01q_v}$，将 $[x_1, x_2]$ n 等分得到 $x_1 \equiv \bar{x}_0 < \bar{x}_1 < \cdots < \bar{x}_n \equiv x_2$，$\bar{x}_1 \equiv \bar{x}_0 +$

ih，$h=(x_2-x_1)/n$，且设这些小区间 $[x_{i-1}, x_i]$ 中最多有 NB 个有根区间，从区间 $[H_{d1}, H_{d2}]$ 的左端点 H_{d1} 出发，按步长 h 一步一步向右跨，每跨一步进行一次根的搜索，即检验相邻两节点上的函数值的符号，若 $f(\overline{x}_k)f(\overline{x}_{k-1})<0$，则确定了一个有根区间，$MB\leqslant MB+1$，若 $MB=NB$ 或已搜索完了几个小区间，搜索停止。

显然，只要步长 h 取得足够小，利用这种方法可以得到具有任意精度的近似根（因有根区间长度即为 h，近似根可取有根区间的中点），但当 h 缩小时，所要搜索的步数相应增加，计算量增大。故用这种方法求高精度的近似根是不合算的。

（2）二分法求方程 $f(x)=0$ 的根。设 $[x_1, x_2]$ 是方程的有根区间，且不妨设 $f(x_1)<0$，$f(x_2)>0$，用区间的中点 $(x_1+x_2)/2$ 平分区间 $[x_1, x_2]$ 为两个区间，计算 $f\left(\dfrac{x_1+x_2}{2}\right)$，根据 $f\left(\dfrac{x_1+x_2}{2}\right)$ 的值分两种情况：

1）$\left|f\left(\dfrac{x_1+x_2}{2}\right)\right|<\delta$，$\delta$ 是预先给定的精度，则 $(x_1+x_2)/2$ 即为所求的根，过程停止。

2）$\left|f\left(\dfrac{x_1+x_2}{2}\right)\right|\geqslant\delta$，根据 $f\left(\dfrac{x_1+x_2}{2}\right)$ 的符号形成新的有根区间 (a_1, b_1)，当 $f\left(\dfrac{x_1+x_2}{2}\right)<0$ 时，取 $a_1=\left|\dfrac{x_1+x_2}{2}\right|$，$b_1=b$；当 $f\left(\dfrac{x_1+x_2}{2}\right)>0$ 时，取 $a_1=a$，$b_1=\dfrac{x_1+x_2}{2}$。这时 $f(a_1)f(b_1)<0$ 且 $(a_1, b_1)\subset(x_1, x_2)$，$b_1-a_1=\dfrac{1}{2}(x_2-x_1)$。用 (a_1, b_1) 代替 (x_1+x_2) 继续上述过程，此过程可一直进行下去（函数子过程 RTBIS 中设定一个二分的最大允许次数）。

3）结束标志。当出现情况 1）时，过程停止。

当第 n 次过程的有根区间 (a_n, b_n) 满足 $|b_n-a_n|=\dfrac{1}{2^n}(x_2-x_1)<\delta$ 时，过程停止。

当二分过程的次数已达到函数过程中设定的二分过程的最大允许次数时，过程停止。

3. 灌水器设计工作压力求解

利用 Visual-Basic 语言编制求解程序，程序流程图如图 2-2 所示。输入和输出参数与图 2-1 中的相同。利用黄金分割搜索法或微分法，可初步优化计算得到灌水器设计工作压力 H_d 和毛管直径 D，但毛管直径为非标准管径，需对其进行标准化，才能满足施工要求。选择毛管标准化管径 D_s，使 D_s 大于或等于初步优化的管径，因为当管径越大，水力流量偏差率越小，灌水偏于均匀，利用式（2-17）即可得到具有标准化管径的灌水器设计工作压力。

2.1.1.5 应用举例

温室滴灌系统。根据作物和土壤条件选定灌水器流量、灌水器间距，根据地形条件选定毛管长度，根据规范选定流量偏差率，由灌水器生产厂家提供制造流量偏差率，并测定田面微地形高差，毛管进口安装调压管的情况下，确定灌水器设计工作压力。

利用计算机模型求解，模型输入参数和输出参数见表 2-1。

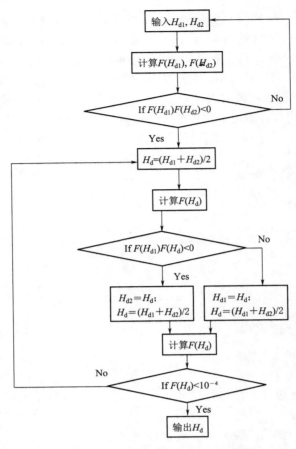

图 2-2 利用二分法求解 H_d 值流程图

表 2-1　　　　　　　　　　　模型输入参数和输出参数表

输　入　参　数			输　出　参　数		
名　　称	单位	数值	名　　　称	单位	数值
田面局部高差 ΔZ	m	0.20	灌水器设计工作压力 H_d	m	1.00
总流量偏差率 $[q_v]$		0.20	水力流量偏差率 q_{hv}		0.07
制造流量偏差率 q_{mv}		0.03	田面高差流量偏差率 q_{zv}		0.10
摩擦损失系数 f		1.75	水头损失 H_f	m	0.14
考虑局部水头损失的系数 K		1.10	毛管直径 D	mm	23.00
摩擦损失系数 m		1.00	水压力偏差率 H_{hv}		0.14
摩擦损失系数 n		4.00	毛管年综合费用 W	元	6.00
灌水器流量 q_e	L/h	3.00	毛管进口水头 H	m	1.14
灌水器个数 N	个	100			

输 入 参 数			输 出 参 数		
名　称	单位	数值	名　称	单位	数值
灌水器间距 s	m	0.50			
灌水器流态指数 x		0.50			
管材单价 C	元/m³	16000			
管材使用寿命 t	年	2			
电费单价 E	元/(kW·h)	0.50			
年抽水工作时数 T	h/年	100			
管材许用应力 σ	kN/m²	2500			

同理，棉花滴灌和果园滴灌系统中，经测定，棉花和果园的田面局部高差分别为 0.1m 和 0.5m，其余输入参数同表 2-1，得到棉花滴灌和果园滴灌的灌水器工作压力值分别为 0.5m 和 2.48m。

2.1.2　均匀坡下滴灌系统灌水器设计工作压力确定

在 2.1.1 节中对平坦地形条件下的灌水器设计工作压力计算方法进行了研究，本节对毛管铺设地面为均匀坡的灌水器设计工作压力计算方法进行研究，进而完善灌水器设计工作压力计算方法。

2.1.2.1　滴灌毛管水力学分析

毛管为多孔出流管，沿程压力变化受两个因素影响，其一是管道沿程水头损失，其二是地面坡度，毛管最大与最小压力值可按下述情况考虑（Wu et al.，1975；Dandy et al.，1996；白丹，1992）。

（1）平坡和逆坡（$J_p \leqslant 0$）。最大压力发生在第一孔口，最小压力在最末孔口（图 2-3）。在滴灌设计中，灌水器处的水压力应不小于灌水器设计工作压力，则

$$H_{min} = H_d \tag{2-25}$$

$$H_{max} = \left(\frac{KF_1 fQ^m}{D^n} - J_p \right) L + H_d \tag{2-26}$$

令：$J_h = \dfrac{KF_1 fQ^m}{D^n}$，则

$$H_{max} = (J_h - J_p) L + H_d \tag{2-27}$$

式中：H_{max} 为毛管最大水压力，m；H_{min} 为毛管最小水压力，m；L 为毛管长度，m；J_p 为地面坡度；J_h 为水力坡降；其余符号意义同前。

（2）顺坡（$J_p > 0$）。根据水力学知识，顺坡情况下最大与最小水压力判断和计算方法如下：

$$S_0 = L_1 - \frac{a}{q} \left(\frac{J_p}{Kf} \right)^{\frac{1}{m}} D^{\frac{n}{m}} \tag{2-28}$$

$$L_1 = Na - 0.5a \tag{2-29}$$

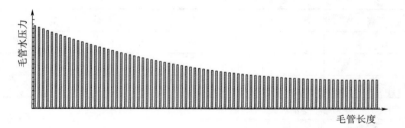

图 2-3 毛管节点水压力随长度变化规律示意图（最小压力在末端）

式中：S_0 为最小压力位置到第一孔口距离，m；N 为孔口数，个；a 为毛管间距，m；q 为孔口出流量，m^3/h。

$$H_f(s) = \frac{f}{D^n}\left(\frac{q}{a}\right)^m - \frac{1}{m+1}\left[L_1^{\,m+1} - (L_1-s)^{m+1}\right] \tag{2-30}$$

式中：$H_f(s)$ 为毛管进口到任意一孔口沿程水头损失，m；s 为毛管第一孔口到任意孔口的距离，m。

若 $S_0 \geqslant 0$，多孔管第一孔口压力最大，末端孔口压力最小（图 2-3），有

$$H_{max} = (J_h - J_p)L + H_d \tag{2-31}$$

若 $S_0 \leqslant S_L$，多孔管末端孔口压力最大，第一孔口压力最小（图 2-4），有

$$H_{max} = (J_p - J_h)L + H_d \tag{2-32}$$

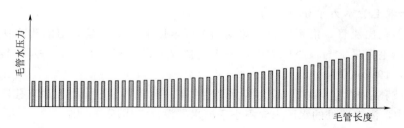

图 2-4 毛管节点水压力随长度变化规律示意图（最小压力在首端）

若 $0 < S_0 < S_L$，多孔管最小压力发生在 S_0 处，最大压力在第一孔口或末端孔口处（图 2-5），可用式（2-33）计算：

$$H_1 = H_d + J_p S_0 - K H_f(S_0) \tag{2-33}$$

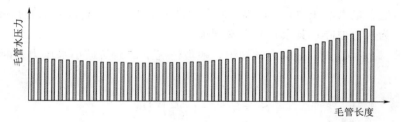

图 2-5 毛管节点水压力随长度变化规律示意图（最小压力在 S_0 处）

式中：H_1 为毛管进口水压力，m。

$$H_L = H_d + J_p(L - S_0) - KH_f(L - S_0) \qquad (2-34)$$

式中：H_L 为毛管末端孔口水压力，m。

若 $H_1 \geqslant H_L$，则 $H_{max} = H_1$，$H_{min} = H_d$。

若 $H_1 < H_L$，则 $H_{max} = H_L$，$H_{min} = H_d$。

在滴灌灌水小区内，灌水流量偏差由水力偏差、田面微地形高差、制造偏差引起，灌水均匀度可用式（2-35）描述（朱德兰，2005）：

$$C_u = 1 - 0.83\sqrt{C_{mv}^2 + \left(0.1997\frac{\Delta Zx}{H_d} - 0.0046\right)^2 + (0.229q_{hv} + 0.0091)^2} \quad (2-35)$$

水力流量偏差率 q_{hv} 由水流中的摩擦损失和地面坡度引起，可用式（2-36）表示：

$$q_{hv} = \frac{kH_{max}^x - kH_{min}^x}{kH_d^x} = \frac{H_{max}^x - H_{min}^x}{H_d^x} \qquad (2-36)$$

式中：k 为灌水器制造系数。

在滴灌系统中为了满足灌水质量要求，需满足：

$$C_u \geqslant [C_u] \qquad (2-37)$$

式中：$[C_u]$ 为设计灌水均匀度，由滴灌设计规范给出。

由式（2-35）和式（2-37）可得到

$$1 - 0.83\sqrt{C_{mv}^2 + \left(0.2\frac{\Delta Zx}{H_d} - 0.004\right)^2 + (0.229q_{hv} + 0.0091)^2} - [C_u] \geqslant 0 \quad (2-38)$$

2.1.2.2 灌水器设计工作压力初步优化计算

1. 非线性规划计算模型

在进行初步优化计算时，毛管耐压等级未知，毛管壁承受的最大水压力应为毛管实际最大水压力，毛管年综合费用计算公式为

$$W = K_1 D^2 H_{max}^2 + 2\sigma K_1 D^2 \gamma^{-1} H_{max} + \alpha Q H_{max} \qquad (2-39)$$

由式（2-35）和式（2-39）建立非线性规划模型，模型决策变量为管径 D 和灌水器设计工作压力 H_d。

目标函数：

$$\min W(D, H_d) = K_1 D^2 (|J_h - J_p|L + H_d)^2 + 2\sigma K_1 D^2 \gamma^{-1} (|J_h - J_p|L + H_d) +$$
$$\alpha Q(|J_h - J_p|L + H_d) \qquad (2-40)$$

约束条件：

$$g_1(D, H_d) = 1 - 0.83\sqrt{C_{mv}^2 + \left(0.2\frac{\Delta Zx}{H_d} - 0.004\right)^2 + (0.229q_{hv} + 0.0091)^2} - [C_u] \geqslant 0$$
$$(2-41)$$

$$g_2(D, H_d) = D > 0 \qquad (2-42)$$

$$g_3(D, H_d) = H_d > 0 \qquad (2-43)$$

2. 计算方法

（1）构造罚函数辅助函数。在目标函数中有两个决策变量 D、H_d，有三个不等式约束条件，该函数属于多元非线性函数不等式约束问题，利用外部罚函数法构造辅助函数，

将不等式约束问题转化为无约束问题。

$$E(D,H_d,\xi) = W(D,H_d) + \xi \sum \left[\max\{0, -g_i(D,H_d)\} \right]^2 \qquad (2-44)$$

式中：$E(D,H_d,\xi)$ 为辅助函数；$W(D,H_d)$ 为目标函数；ξ 为罚参数；$g_i(D,H_d)$ 为约束函数；i 为约束函数个数，$i=3$。

辅助函数 $E(D,H_d,\xi)$ 由目标函数项和罚函数项两部分组成。

罚函数项 $\quad \max\{0, -g_i(D,H_d)\} = \begin{cases} 0 & g_i(D,H_d) > 0 \\ -g_i(D,H_d) & g_i(D,H_d) < 0 \end{cases}$

罚参数 ξ 的取值：一般情况下，当采用一个有限大的罚参数时，原优化问题的确切最优解并不是辅助函数的一个极小点，只有当罚参数趋于无穷大时，辅助函数的极小值才趋向于原优化问题的理想极小值，在实际运用中，将 ξ 取为一个足够大的正常数，就满足优化问题的求解精度。

（2）利用 Powell 法（或方向加速法）进行多元函数优化计算。Powell 法不需要计算目标函数的导数，使用起来准备时间少，且具有较快的收敛速度，在不依赖于目标函数的导数的所有直接法中是最有效的方法之一。Powell 法是计算无约束条件下多元函数的最优解，所以需将有约束问题变为无约束问题（汪志农等，2002）。

计算步骤：

1）选取起始点 $x^{(0)}$ 和一组线性无关的方向 $e^{(i)}(i=1,2,\cdots,N)$，N 为变量个数，通常 $e^{(i)}$ 取为 N 个坐标轴的方向。

2）从 $x^{(0)}$ 沿 $e^{(i)}(i=1,2,\cdots,N)$ 方向依次进行 N 维搜索，得到：

$$x^{(i)} = x^{(i-1)} + \lambda e^{(i)}, i=1,2,\cdots,N; f(x^{(i)}) = \min f(x^{(i-1)} + \lambda e^{(i)}), i=1,2,\cdots,N$$

在完成了 N 维搜索后，得到 $X^{(N)}$。

3）计算最快速上升方向上函数的变化：

$$DEL = \max |f(x^{(i)}) - f(x^{(0)})| = |f(x^{(|B|G)}) - f(x^{(0)})|$$

4）引进方向：

$$e = x^{(N)} - x^{(0)}, PTT = 2x^{(N)} - x^{(0)}$$

计算 $\qquad\qquad f_e = f(PTT) = f(2x^{(N)} - x^{(0)})$

5）若 $f_e \geqslant f_0$ 或 $f_e < f_0$ 且 $2(f_0 - 2f_N + f_e)[(f_0 - f_N) - DEL]^2 \geqslant (f_0 - f_e)^2 DEL$ 则将 $X^{(N)}$ 作为新的起始点，沿上面的一组旧方向重复上面步骤，即转步骤 2）。

6）若步骤 5）中条件均不满足，沿方向 $e = x^{(N)} - x^{(0)}$ 以 $x^{(N)}$ 作为起始点进行搜索，得到目标函数在此方向上的极小值点 P；将原来的方向 e（IBIG）去掉而保留其余原有的 $N-1$ 个方向，加上方向 e 仍得到 N 个方向。以此时的 P 作为新起点重复上面步骤，即转步骤 2）。

7）结束标志为：若 $\dfrac{2|f(x^{(N)}) - f(x^{(0)})|}{|f(x^{(N)})| + f(x^{(0)})|} \leqslant \xi$，则停止运算；若上面过程进行到等于选定的迭代最大次数时，停止迭代，表示迭代失败。

2.1.2.3 灌水器设计工作压力二次优化计算

经过初步优化计算得到的 D 为连续管径，将此变为标准管径可在实践中运用。选择标准管径 D_s，使 $D_s \geqslant D$，选择毛管耐压等级，使 $[H] \geqslant H_{max}$。在毛管直径 D、毛管耐压能

力[H]已知的情况下，毛管壁承受的最大水压力应等于毛管耐压，毛管年综合费用计算公式为

$$W = K_1 D^2 [H]^2 + 2\sigma K_1 D^2 \gamma^{-1}[H] + \alpha Q H_{\max} \qquad (2-45)$$

式中：[H]为毛管耐压能力，m。

以式（2-45）为目标函数，以灌水均匀度为约束条件建立非线性规划模型，决策变量为灌水器设计工作压力 H_d。

目标函数：

$$\min W(H_d) = K_1 D_s^2 [H]^2 + 2\sigma K_1 D_s^2 \gamma^{-1}[H] + \alpha Q H_{\max} \qquad (2-46)$$

约束条件：

$$g_1(H_d) = 1 - 0.83\sqrt{C_{mv}^2 + \left(0.2\frac{\Delta Zx}{H_d} - 0.004\right)^2 + (0.229q_{hv} + 0.0091)^2} - [C_u] \geqslant 0$$

$$(2-47)$$

$$g_2(H_d) = H_d > 0 \qquad (2-48)$$

利用外部罚函数法构造辅助函数：

$$F(H_d, \xi) = W(H_d) + \xi \sum [\max\{0, -g_i(H_d)\}]^2 > 0 \qquad (2-49)$$

式中：$F(H_d, \xi)$ 为辅助函数；$W(H_d)$ 为目标函数；ξ 为罚参数；$g_i(H_d)$ 为约束函数；i 为约束函数个数，$i = 2$。

同理利用 Powell 法计算辅助函数 $F(H_d, \xi)$ 的最优解，将罚参数取为一个足够大的正整数时，辅助函数 $F(H_d, \xi)$ 的最优解即为原函数的最优解。

利用 Visaul-Basic 语言编制程序，即可得到最优的灌水器设计工作压力值。

2.1.2.4 应用举例

某果园滴灌系统，根据作物和土壤条件选定灌水器流量 3L/h、灌水器间距 0.5m，根据地形条件选定毛管长度 100m，根据规范选定总流量偏差率 0.2，根据灌水器生产厂家提供的资料确定制造流量偏差率 0.03，并测定田面微地形高差 0.5m，地面坡度为 0.005，其余模型输入参数见表 2-2。毛管进口安装调压管的情况下，确定灌水器设计工作压力。

表 2-2　　　　　　　　　　模 型 输 入 参 数 表

变　量	单　位	数　值	变　量	单　位	数　值
田面局部高差 ΔZ	m	0.50	管材使用寿命 t	年	5
总流量偏差率 [q_v]		0.2	地面坡度 J_p		0.005
制造流量偏差率 q_m		0.03	电费单价 E	元/（kW·h）	0.5
灌水器流量 q_d	L/h	3	年抽水工作时数 T	h/年	100
灌水器数 N	个	100	管材许用应力 σ	kN/m²	2500
灌水器间距 s	m	0.5	二次优化时增加输入值		
灌水器流态指数 x		0.5	毛管直径 D	mm	25
管材单价 C	元/m³	20000	毛管耐压 [H]	m	3

利用计算机模型求解，输出参数见表 2-3。

表 2 - 3 模 型 输 出 参 数 表

初 步 优 化			二 次 优 化		
变　量	单　位	数　值	变　量	单　位	数　值
灌水器设计工作压力 H_d	m	1.39	灌水器设计工作压力 H_d	m	2.50
毛管直径 D	mm	22.24	毛管年综合费用 W	元	9.72
毛管进口水头 H	m	1.50			
毛管年综合费用 W	元	3.75			

由表 2 - 3 可以看出，对目标函数经过初步优化，得到灌水器设计工作压力为 1.39m，毛管直径为 22.24mm，毛管进口水头为 1.50m，二次优化设计，选择标准直径 25mm，毛管耐压 3m，得到灌水器设计工作压力为 2.50m。

2.1.3　棉田、果园、温室滴灌灌水器设计工作压力取值范围

2.1.1 节和 2.1.2 节阐述了借助于计算机优化理论确定灌水器设计工作压力的方法，滴灌工程设计者需通过编程或购买软件才能确定灌水器工作压力，实际上有不便之处。为此，以上两节中灌水器设计工作压力取值理论分析为基础，对总流量偏差率进行优化分配，得出田面微地形流量偏差率最佳值，然后确定出应用滴灌较多的农田（如新疆棉田、温室、果园）的灌水器设计工作压力，以便无实测资料时应用。

2.1.3.1　田面微地形分析

在对新疆棉田、温室和果园的田面微地形进行了测量后，分析计算了田面局部高差，而灌水器设计工作压力与灌水小区的最大田面局部高差有关。这里值得注意的是，田面局部高差和最大田面局部高差是两个不同的概念，田面局部高差是灌水器实际地面高程与设计高程的差值，最大田面局部高差是田面局部高差最大值与最小值的差值，因此还需确定最大田面局部高差。

在新疆棉田，以 1.3hm² 地为 1 个灌水小区，求得每个灌水小区最大田面局部高差，共得到 50 个数据（表 2 - 4）。

在日光温室中，每个温室有一个最大田面局部高差，共得到 50 个数据（表 2 - 4）。

在果园，以 0.67 hm² 果园作为 1 个灌水小区，得到每个灌水小区的最大田面局部高差，共得到 50 个数据（表 2 - 4）。

表 2 - 4　　　　　　　　　　不同作物最大田面局部高差测量结果表　　　　　　　　　　单位：m

果园高差	温室高差	棉田高差	果园高差	温室高差	棉田高差	果园高差	温室高差	棉田高差	果园高差	温室高差	棉田高差
0.621	0.168	0.077	0.389	0.092	0.102	0.180	0.042	0.079	0.530	0.050	0.036
0.617	0.043	0.178	0.408	0.060	0.044	0.133	0.150	0.062	0.413	0.050	0.162
0.453	0.014	0.036	0.333	0.105	0.073	0.217	0.025	0.775	0.588	0.080	0.047
0.413	0.010	0.066	0.270	0.137	0.062	0.144	0.100	0.134	0.483	0.063	0.170
0.220	0.056	0.710	0.353	0.072	0.129	0.328	0.089	0.043	0.321	0.150	0.212
0.398	0.016	0.080	0.248	0.168	0.054	0.459	0.027	0.158	0.217	0.115	0.168

果园高差	温室高差	棉田高差	果园高差	温室高差	棉田高差	果园高差	温室高差	棉田高差	果园高差	温室高差	棉田高差
0.110	0.043	0.069	0.762	0.152	0.050	0.444	0.030	0.172	0.688	0.040	0.239
0.684	0.096	0.107	0.523	0.200	0.128	0.686	0.050	0.045	0.516	0.034	0.144
0.420	0.106	0.084	0.578	0.115	0.135	0.505	0.040	0.197	0.672	0.168	0.157
0.808	0.084	0.503	0.787	0.113	0.085	0.733	0.013	0.070	0.347	0.035	0.152
0.653	0.037	0.036	0.370	0.019	0.092	0.403	0.015	0.162	0.528	0.008	0.154
0.523	0.049	0.041	0.251	0.034	0.158	0.311	0.129	0.070			
0.328	0.049	0.039	0.450	0.150	0.165	0.184	0.114	0.062			

对表 2-4 中数据进行一般的描述统计分析，分析结果见表 2-5。

表 2-5 　　　　　　　　　　　　　田面局部高差描述统计分析

田地类型	平均值	标准误差	中值	标准偏差	样本方差	最小值	最大值	置信度	置信区间
棉田	0.140	0.019	0.097	0.146	0.021	0.035	0.775	0.99	[0.087, 0.192]
	0.140	0.019	0.097	0.146	0.021	0.035	0.775	0.95	[0.100, 0.179]
温室	0.082	0.010	0.078	0.070	0.005	0.008	0.200	0.99	[0.063, 0.110]
	0.082	0.010	0.078	0.070	0.005	0.008	0.200	0.95	[0.070, 0.092]
果园	0.489	0.034	0.447	0.251	0.062	0.111	1.390	0.99	[0.378, 0.580]
	0.489	0.034	0.447	0.251	0.062	0.111	1.390	0.95	[0.421, 0.557]

从表 2-5 可以看出，当置信度为 99% 时，棉田、温室、果园的最大田面局部高差的取值区间为 [0.087, 0.192]、[0.063, 0.110]、[0.378, 0.580]，当置信度为 95% 时，棉田、温室、果园的最大田面局部高差的取值区间为 [0.100, 0.179]、[0.070, 0.092]、[0.421, 0.557]。由于田面局部高差随机性很大，为灌水偏于均匀考虑，最大田面局部高差取最大值，则棉田、温室、果园的最大田面局部高差分别为 0.192m、0.110m、0.580m。

2.1.3.2　流量偏差优化分配及灌水器设计工作压力取值

由在水力偏差、田面微地形偏差、灌水器制造偏差三因素影响下的灌水均匀度公式式 (2-35) 可知，当忽略灌水器制造偏差和田面微地形偏差，即，$C_{mv}=0$、$q_{zv}=0$、$C_u=0.95$ 时，根据式 (2-35)，$q_{hv}=20\%$；当忽略灌水器制造偏差及水力偏差，即 $C_u=0.95$、$C_{mv}=0$、$q_{hv}=0$ 时，根据式 (2-35)，$q_{zv}=0.32$；当忽略微地形偏差且毛管直径很大，水力偏差近似于零，即 $C_u=0.95$、$q_{hv}=0$、$q_{zv}=0$ 时，根据式 (2-35)，$C_{mv}=0.06$。由此说明，在灌水均匀度中考虑水力偏差、田面微地形偏差、灌水器制造偏差三因素时，$q_{hv}<20\%$、$q_{zv}<0.32$、$C_{mv}<0.06$。当由水力偏差、灌水器制造偏差、田面微地形偏差组成的总流量偏差不变时，三个偏差所占比例互为消长，且影响到毛管投资，所以，以毛管年综合费用为目标函数对毛管进行优化设计，可对总流量偏差进行优化分配。

借助于上两节中灌水器设计工作压力优化方法，将输入参数当作随机数，在允许变化范围内随意取值，分析出总流量偏差率在水力偏差、田面微地形偏差之间的优化分配。

灌水器设计工作压力的影响因素有田面微地形因素、水力因素、灌水器制造因素及系统灌水均匀度。反映田面微地形因素的是最大田面局部高差 ΔZ，ΔZ 值为 $0.1\sim0.6\text{m}$。水力因素与管径关系最密切，管径越大水力流量偏差率越小，灌水器制造因素主要指制造流量偏差率 C_{mv} 和灌水器流态指数 x。以毛管年综合费用为目标函数对流量偏差率进行优化分配，影响费用的因素还有管材价格 C 和能耗费，能耗费统一以电费单价来衡量。灌水均匀度影响参数取值范围见表 2-6。

表 2-6   灌水均匀度影响参数取值范围

x	$C/(\text{元}/\text{m}^3)$	$E/[\text{元}/(\text{kW}\cdot\text{h})]$	$\Delta Z/\text{m}$	D/mm	C_u
$0.2\sim0.8$	$160\sim1600000$	$0.5\sim40$	$0.1\sim0.6$	$20\sim80$	$0.9\sim0.98$

对表 2-6 中数据随机取值并随机组合，经过毛管优化设计，流量偏差率优化分配见表 2-7。

表 2-7   流量偏差率优化分配

x	C $/(\text{元}/\text{m}^3)$	E $/[\text{元}/(\text{kW}\cdot\text{h})]$	$\Delta Z/\text{m}$	D/mm	H_d/m	q_v	q_{zv}	q_{hv}	q_{zv}/q_{hv}
0.5	16000	0.5	0.4	25	1.90	0.18	0.10	0.08	1.25
0.5	16000	0.5	0.4	45	1.86	0.10	0.10	0.08	1.25
0.5	16000	0.5	0.4	39	1.78	0.18	0.10	0.08	1.25
0.5	16000	0.5	0.4	66	1.92	0.18	0.10	0.08	1.25
0.5	16000	0.5	0.1	93	0.48	0.18	0.10	0.08	1.25
0.5	16000	0.5	0.2	79	0.96	0.18	0.10	0.08	1.25
0.5	16000	0.5	0.3	71	1.44	0.18	0.10	0.08	1.25
0.5	16000	0.5	0.5	62	2.39	0.18	0.10	0.08	1.25
0.5	16000	0.5	0.6	60	2.87	0.18	0.10	0.08	1.25
0.5	16000	1.0	0.6	60	2.86	0.18	0.10	0.08	1.25
0.5	16000	5.0	0.6	61	2.78	0.18	0.10	0.08	1.25
0.5	16000	10.0	0.6	62	2.71	0.18	0.11	0.07	1.57
0.5	16000	20.0	0.6	64	2.59	0.18	0.11	0.07	1.57
0.5	16000	40.0	0.6	67	2.43	0.18	0.12	0.06	2.00
0.5	160	0.5	0.6	68	2.38	0.18	0.12	0.06	2.00
0.5	1600	0.5	0.6	61	2.78	0.18	0.10	0.08	1.25
0.5	1600000	0.5	0.6	60	2.88	0.18	0.10	0.08	1.25
0.8	16000	0.5	0.6	58	4.78	0.18	0.10	0.08	1.25
0.2	16000	0.5	0.6	64	1.01	0.18	0.11	0.07	1.57
0.2	16000	0.5	0.6	41	2.02	0.24	0.14	0.09	1.55
0.2	16000	0.5	0.6	40	5.23	0.10	0.05	0.05	1.0

由表 2-7 可以看出，$\dfrac{q_{zv}}{q_{hv}} \geqslant 1$。由于 q_{zv} 值越小，灌水器设计工作压力越大，灌水偏于均匀，所以，为灌水偏于均匀考虑，取 $\dfrac{q_{zv}}{q_{hv}}$ 的最小值，即：

$$q_{zv} = q_{hv} \tag{2-50}$$

由式（2-35）和式（2-50）可知，当 $C_u = 0.95$、$C_{mv} = 0.02$ 时，$q_{zv} = 0.15$；当 $C_u = 0.95$、$C_{mv} = 0.05$ 时，$q_{zv} = 0.105$。

当 q_{zv} 值确定后，取灌水器流态指数 $x = 0.5$，由式（2-51）确定灌水器设计工作压力 H_d 值为

$$q_{zv} = x \frac{\Delta Z}{H_d} \tag{2-51}$$

根据灌水器性能，可计算出棉田、果园、温室灌水器设计工作压力值，见表 2-8。

表 2-8　　棉田、果园、温室灌水器设计工作压力值　　单位：m

$C_u = 0.95$								
灌水器性能：优 ($C_{mv} \leqslant 0.02$、$0.2 \leqslant x \leqslant 0.5$)			灌水器性能：良 ($0.02 < C_{mv} \leqslant 0.05$、$0.2 \leqslant x \leqslant 0.5$)			灌水器性能：一般 ($0.05 < C_{mv} \leqslant 0.07$、$x = 0.5$)		
果园	温室	棉田	果园	温室	棉田	果园	温室	棉田
0.77~1.1	0.12~0.18	0.25~0.36	1.10~1.93	0.18~0.32	0.36~0.63	1.93~2.9	0.32~0.48	0.63~0.96

参考表 2-8 中的数据，根据耕作精细程度选择灌水器设计工作压力，耕作和管理精细时取大值，否则取小值。另外，在进行滴灌设计时，若对田面地形测量精度高，设计工作压力取小值，否则取大值。另外，从表 2-8 中还可以看出，棉田、温室和果园中滴灌系统灌水器设计工作压力取值均在 0.12~2.0m，小于传统滴灌系统灌水器设计工作压力为 10m 的取值，由此充分证明了常规滴灌系统中灌水器设计工作压力确实存在富余现象，在平原、温室大棚等地形起伏较小的地区，灌水器设计工作压力是完全可以降低的。

2.2　小流量微压滴灌技术的理论依据和可行性分析

2.2.1　小流量微压滴灌技术提出的理论依据

由 2.1 节分析可知，滴灌系统灌水器设计工作压力取值降低空间较大，完全有减小的可能。通过降低灌水器设计工作压力，滴灌系统成本能大幅减小，但是在灌水器设计流量及系统各级管道的管径、长度保持不变的情况下，降低灌水器工作压力会对滴灌系统灌水质量产生一定的影响。为此，需要采取一些技术途径来实现既降低滴灌系统成本又保证其灌溉质量的双重目标。

灌水均匀度是衡量滴灌系统灌水质量的一项重要指标，影响灌水均匀度的因素很多，大体可归结为水力偏差、制造偏差及地形偏差。假设滴灌系统布置在地形平坦的地区且安装的每一个灌水器都一样，那么灌水均匀度实际上只与管道的压力偏差有关。

根据《微灌工程技术规范》（GB/T 50485—2009），灌水器的工作水头偏差率可按

式（2-52）计算：

$$h_v = \frac{\Delta h}{h_d} = \frac{h_{max} - h_{min}}{h_d} \qquad (2-52)$$

式中：h_v 为灌水器的工作水头偏差率，%；h_d 为灌水器的设计工作压力，m；Δh 为灌水器的工作水头偏差，m；h_{max} 为灌水器的最大工作水头，m；h_{min} 为灌水器的最小工作水头，m。

在实际工程设计中，灌水器的工作水头偏差一般是按一定比例分配给支管、毛管的，则

$$h_{f毛} = \beta_2 \Delta h \qquad (2-53)$$

目前滴灌工程中所用的滴灌管或滴灌带，其灌水器流量和间距都是固定不变的，属于等距多孔管。对于等距多孔管，其水头损失可按式（2-54）计算：

$$h_{f毛} = \frac{fSq_d^m}{d^b}\left[\frac{(N+0.48)^{m+1}}{m+1} - N^m\left(1 - \frac{S_0}{S}\right)\right] \qquad (2-54)$$

式中：$h_{f毛}$ 为毛管水头损失，m；f 为摩阻系数；m 为流量指数；b 为管径指数；N 为分流孔总数；S_0 为多孔管进口距首孔的间距，m；其他符号意义同上。

当 $S_0 = S$ 时，则式（2-54）变为

$$h_{f毛} = \frac{fSq_d^m}{d^b}\frac{(N+0.48)^{m+1}}{m+1} \qquad (2-55)$$

由式（2-52）、式（2-53）和式（2-55）整理得

$$h_v = \frac{fS(N+1)^{m+1}q_d^m}{\beta_2(m+1)d^b h_d} \qquad (2-56)$$

从式（2-56）中可以看出：灌水器工作水头偏差率 h_v 与毛管长度（即灌水器间距 S 和灌水器个数 N）、灌水器的设计工作压力 h_d、灌水器流量 q_d 及毛管管径 d 等参数有关。灌水器工作水头偏差率 h_v 与毛管长度、灌水器流量 q_d 呈正相关关系，与灌水器工作压力 h_d、毛管管径 d 呈负相关关系。在其他参数不变的情况下，灌水器工作水头偏差率 h_v 随着毛管长度、灌水器流量 q_d 等参数的减小而减小，随着灌水器工作压力 h_d、毛管管径 d 的减小而增大。即：灌水均匀度随着毛管长度、灌水器流量 q_d 的减小而增大，随着灌水器工作压力 h_d、毛管管径 d 的减小而减小。因此，对于滴灌系统工作压力及灌水器工作压力降低对系统灌溉质量带来的不利影响，可以通过增大管径、减小毛管长度及灌水器流量等手段来解决。但是减小毛管长度，会增加支管数量，从而导致成本增加，所以通过减小毛管长度来提高灌溉质量的这一途径不可行。在微压条件下，由于壁厚减小的幅度有限，如果单纯地通过增大管径来保证系统的灌水质量，就有可能使管径过大，从而影响微压滴灌系统的价格。在增大管径的同时，如果灌水器再采用较小的设计流量，那么只需有限地增加管径就能保证系统的灌水质量，同时也使微压滴灌系统的成本进一步降低；也就是说，可以通过同步降低滴灌系统的工作压力、适当增大管径、适当减小灌水器的设计流量及管道壁厚等四种技术途径来实现既降低系统成本又保证系统灌溉质量的双重目标。小流量微压滴灌将会为滴灌技术发展提供一条新的途径。

为了与传统的滴灌系统相区别，把灌水器设计工作压力取值为 10m 及以上的滴灌系统称之为常规滴灌系统，将灌水器设计工作压力取值为 5~10m 的滴灌系统称之为低压滴

灌系统，而把灌水器设计工作压力不大于 5m、设计流量不大于 1L/h，既能满足灌溉要求，又没有能量浪费或闲置的新型滴灌系统定义为小流量微压滴灌系统。

2.2.2　小流量微压滴灌技术的可行性分析

1. 管径、压力及灌水器流量与灌水质量的关系

灌水器流量公式为

$$q_d = Kh_d^x \qquad (2-57)$$

式中：K 为流量系数；h_d 为灌水器的设计水头；x 为流态指数，取值为 $0 \sim 1$。

从式（2-57）中可以看出：当灌水器流量系数 K 及流态指数 x 不变时，若灌水器工作压力减小为原来的 $\dfrac{1}{n}$（$n>1$），则灌水器流量减小为原来的 $\left(\dfrac{1}{n}\right)^x$。

将式（2-57）代入式（2-56）中得

$$h_v = \frac{fSK^m(N+1)^{m+1}}{\beta_2(m+1)} \cdot \frac{h_d^{mx-1}}{d^b} \qquad (2-58)$$

由式（2-58）可知：在保证压力偏差率不增大的条件下，当式（2-58）中的其他量不变，若灌水器工作压力减小为原来的 $\dfrac{1}{n}$（$n>1$）、灌水器流量减小为原来的 $\left(\dfrac{1}{n}\right)^x$，则管径至少需要增大到原来的 $n^{\frac{1-mx}{b}}$ 倍，即 $d' \geqslant n^{\frac{1-mx}{b}}d$（$d$ 为传统滴灌系统中的毛管管径；d' 为小流量微压滴灌系统中的毛管管径）。否则系统的灌水质量将会受到影响，一般情况下 m 取 1.75，b 取 4.75，则 $d' \geqslant n^{\frac{1-1.75x}{4.75}}d$。

2. 管径、压力及灌水器流量与毛管极限铺设长度的关系

根据《微灌工程技术规范》（GB/T 50485—2009）均匀地形坡毛管极限孔数的计算公式为

$$N_m = \text{INT}\left(\frac{5.446\beta_2[\Delta h]d^{4.75}}{kSq_d^{1.75}}\right)^{0.364} \qquad (2-59)$$

式中：N_m 为毛管的极限分流孔数；INT（ ）为将括号内的实数舍去小数取整数；β_2 为允许的水头偏差分配给毛管的比例；$[\Delta h]$ 为灌水小区允许的水头偏差，m；d 为毛管内径，mm；k 为水头损失扩大系数；S 为毛管上分流孔的间距，m；q_d 为灌水器的设计流量，L/h。

灌水小区内设计的允许水头偏差为

$$[\Delta h] = [h_v]h_d \qquad (2-60)$$

式中：$[\Delta h]$ 为灌水小区允许水头偏差，m；$[h_v]$ 为设计允许偏差率。

由式（2-57）、式（2-59）和式（12-60）可得出毛管极限铺设长度 L_m 与压力、管径之间的函数关系式为

$$L_m = S \cdot N_m = S \cdot \text{INT}\left(\frac{5.446\beta_2[h_v]h_d^{1-1.75x}d^{4.75}}{K^{1.75}kS}\right)^{0.364} \qquad (2-61)$$

从式（2-61）可以看出：在保证毛管极限铺设长度不减小的条件下，当式（2-61）中的其他量不变，若压力减小为原来的 $\dfrac{1}{n}$（$n>1$）、灌水器流量减小为原来的 $\left(\dfrac{1}{n}\right)^x$，则管径至少需要增大到原来的 $n^{\frac{1-1.75x}{4.75}}$ 倍，即 $d' \geqslant n^{\frac{1-1.75x}{4.75}}d$，否则毛管极限铺设长度将会受到影响。

综上，在微压滴灌系统中，当工作压力降低为原来的 $\frac{1}{n}$（$n>1$）时，要想保证系统的灌溉质量及毛管的极限铺设长度不降低，那么只需将灌水器流量减小为原来的 $\left(\frac{1}{n}\right)^x$，管径增大到原来的 $n^{\frac{1-1.75x}{4.75}}$ 即可。

3. 小流量微压滴灌系统的经济性分析

灌水器设计工作压力降低后，可以采取两种途径来保证滴灌系统灌水质量，一是增加管径，二是同时采用增加管径、减小灌水器设计流量两种措施（即小流量微压滴灌），为了便于分析，把第一种途径称为途径Ⅰ，把第二种途径（小流量微压滴灌）称为途径Ⅱ（张林等，2008）。下面以一个具体实例来分析小流量微压滴灌的经济可行性。

例：某滴灌系统，其毛管入口端压力 H 为 10m，毛管铺设长度为 100m，管内径为 16mm，毛管为聚氯乙烯管，材料单价 C 为 1600 元/m³，灌水器设计流量为 2L/h，灌水器流量系数为 0.8758，流态指数为 0.4，灌水器间距为 0.4m，毛管壁允许的抗拉应力 σ 为 2500kN/m²，系统允许的水头偏差分配给毛管的比例 β_2 为 0.55，毛管设计允许水头偏差率 $[h_v]$ 为 20%，毛管壁允许的抗拉应力 σ 为 25000kN/m²，当毛管入口端压力 H 从 10m 分别降低到 5m、4m、3m、2m 和 1m 时，在维持原系统毛管极限铺设长度以及灌水质量等指标不降低的条件下，求原系统中单位长度毛管的成本及压力降低后的系统中单位长度毛管的成本。

在该例中，当毛管入口端压力 H 从 10m 分别降低到 5m、4m、3m、2m 和 1m 时，要想保证毛管极限铺设长度及系统灌溉质量不被降低，需将灌水器设计流量减小为原来的 $\left(\frac{1}{n}\right)^x$，管径增大到原来的 $n^{\frac{1-1.75x}{4.75}}$ 即可。

该例中毛管理论壁厚按式（2-62）计算：

$$2\sigma \cdot e = \int_0^\pi \gamma H \frac{d}{2}\sin\theta d\theta = \gamma dH \qquad (2-62)$$

则

$$e = \frac{\gamma dH}{2\sigma} \qquad (2-63)$$

式中：γ 为水的容重，取 10kN/m³；H 为毛管承受的最大水压力，m；σ 为管壁材料允许拉应力，kN/m²。

该例中单位长度毛管的成本按式（2-64）计算：

$$W = VC \qquad (2-64)$$

式中：W 为毛管造价，元；V 为材料耗用量，m³；C 为材料的单价，元/m³。

材料耗用量 V 与毛管内径、壁厚及长度有关，用公式可表示为

$$V = 1 \times 10^{-6}\pi(de + e^2)l \qquad (2-65)$$

式中：d 为毛管内径，mm；e 为毛管壁厚，mm；l 为毛管长度，m。

该例中毛管允许壁厚取为 0.13mm，当毛管理论壁厚小于允许壁厚时，计算成本时取用允许壁厚，当毛管理论壁厚大于允许壁厚时，取用理论壁厚。详细的计算结果见表 2-9。

表 2-9 采用途径 Ⅱ 时不同毛管进口压力的单位长度毛管成本

毛管进口压力 /m	毛管内径 /mm	灌水器设计流量 /(L/h)	理论壁厚 /mm	允许壁厚 /mm	按允许壁厚计算的成本 /(元/m)
5	16.7	1.52	0.017	0.13	0.110
4	17.0	1.39	0.014	0.13	0.112
3	17.3	1.24	0.010	0.13	0.114
2	17.7	1.05	0.007	0.13	0.117
1	18.5	0.80	0.004	0.13	0.122

从表 2-9 中可以看出：当毛管进口压力降低到 5m 以下时，采用途径 Ⅱ 时，单位长度毛管的成本均小于压力未降低前（毛管进口压力为 10m）的单位长度毛管的实际成本，当毛管进口压力为 5m 时，单位长度毛管的成本是进口压力为 10m 时的单位长度毛管成本的 75%，这说明通过同步增大管径和减小灌水器设计流量来保证滴灌系统灌溉质量具有经济可行性。

表 2-10 给出了两种不同途径下毛管管径和成本的对比情况，在相同毛管进口压力下，途径 Ⅱ 的毛管管径均小于途径 Ⅰ。当毛管进口压力降为 5m 时，途径 Ⅰ 只采取增加毛管管径一种手段来保证滴灌系统灌水质量，那么毛管管径将需增大到原来的 1.19 倍，而途径 Ⅱ 综合采取增加管径和降低灌水器设计流量来保证滴灌系统灌水质量，则毛管管径只需增加到原来的 1.04 倍，因此毛管单位长度成本也更低，只相当于途径 Ⅰ 时的 88%。另外，如果再考虑管件的话，由于途径 Ⅱ 毛管管径增加的幅度要较途径 Ⅰ 毛管管径增加的幅度小，所以途径 Ⅱ 在管件方面的成本也会低于途径 Ⅰ，这进一步证明了通过同步增大管径和减小灌水器设计流量来保证滴灌系统灌溉质量具有经济可行性，亦即小流量微压滴灌技术具有经济可行性。

表 2-10 途径 Ⅰ 和途径 Ⅱ 两种情况下毛管管径和成本的比较

毛管进口压力/m	途径 Ⅰ			途径 Ⅱ		
	毛管内径 /mm	毛管内径 增大的倍数	毛管成本 /(元/m)	毛管内径 /mm	毛管内径 增大的倍数	毛管成本 /(元/m)
5	19.0	1.19	0.125	16.7	1.04	0.110
4	20.1	1.26	0.132	17.0	1.06	0.112
3	21.6	1.35	0.142	17.3	1.08	0.114
2	23.9	1.50	0.157	17.7	1.11	0.117
1	28.5	1.78	0.187	18.5	1.16	0.122

第 3 章

小流量微压滴灌系统抗堵性能

小流量微压滴灌由于降低了滴灌系统工作压力，使系统内各级管道承压要求降低，管道壁厚减小，滴灌系统成本和运行费用大幅降低。但是，小流量微压滴灌系统也面临着一些问题，较低的灌水器工作压力和较小的灌水器设计流量会降低水流在灌水器微小流道中的运动速度，使水流中的一些固定颗粒和杂质沉降下来，从而导致灌水器更易发生堵塞。迷宫流道是滴灌灌水器最常用的流道形式。

为此，本章研究了灌水器迷宫流道内水流流态和水头损失规律（Zhang et al.，2016），分析了动态水压供水模式对灌水器迷宫流道水沙运动的影响（郑超等，2015，2017），对比了恒定水压和动态水压供水条件下灌水器抗堵能力，并建议在工程实践中采用动态水压供水模式提高小流量微压滴灌系统抗堵能力（Zhang et al.，2017）。

3.1 灌水器迷宫流道内水流流态和水头损失

3.1.1 试验设计与方法

1. 试验设计

滴灌灌水器迷宫流道水流流态和水头损失试验在西北农林科技大学中国旱区节水农业研究院灌溉水力学实验厅进行。试验装置由 90L 圆柱形不锈钢水箱、水泵、PVC 管、阀门、灌水器迷宫流道模型、压力传感器、塑料杯、粒子图像测速仪（PIV）和其他一些必要的试验设备。试验装置如图 3-1 所示。

灌水器迷宫流道模型用两块有机玻璃加工而成。先把迷宫流道雕刻在一块有机玻璃板上，再把第二块有机玻璃板盖在第一块上，然后用 38 个螺栓把这两块有机玻璃板牢牢固定在一起，形成一个闭合的迷宫流道。它由一段直流道和一段迷宫流道构成，两个流道的断面尺寸完全一样，如图 3-2 所示。直流道的长度和迷宫流道拉直的长度一样，均为 16cm。流道断面加工尺寸有四种，分别为：0.5mm×0.5mm、1.0mm×1.0mm、1.5mm×1.5mm 和 2.0mm×2.0mm。每个迷宫流道模型测试压力为 5kPa、10kPa，然后从 20kPa 开始直到 360kPa，每隔 20kPa 测试一次。在直流道进口处、迷宫流道进口和出口处各安装一个压力传感器（西安新敏，CYB13），量程 0～400kPa，精度±0.1%。试验前，先对压力传感器进行校核，并且把三个传感器与数据采集器连接，在 15min 迷宫流道

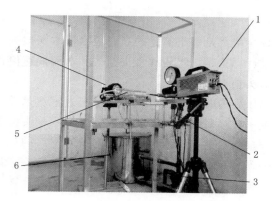

图 3-1 试验装置图

1—高速摄像仪；2—压力传感器；3—水泵；4—连续光源；5—灌水器流道样件；6—不锈钢水箱

测试过程中每隔 5s 采集一次压力数据，并计算每组测试的直流道进口处、迷宫流道进口处和出口处的压力平均值。然后通过这三处的压力数据即可计算出每组试验的直流道沿程水头损失和迷宫流道总水头损失，进而计算出每组试验的迷宫流道局部水头损失。用塑料杯来收集迷宫流道流出的水量，并用电子天平（上杰，JJ2000 型，精度 0.1g）称重。用温度计（精度 0.1℃）测试试验水温，并计算出每组试验的水的黏滞系数。

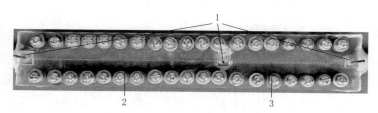

图 3-2 迷宫流道模型

1—测压口；2—直流道；3—迷宫流道

PIV 测试系统由连续光源、高速摄像仪和放大镜头组成。高速摄像仪为 HotShot 512，分辨率 512×512，最大抓取能力为 200000fps，拥有一个 16GB 存储器，高分辨下录影时间超过 10min。用 PIV 系统能清楚观察到粒子在迷宫流道中的运动情况，然后用 Movias Pro Viewer 1.63 软件根据粒子运动距离计算粒子运动速度。为了更好地观测迷宫流道中的水流运动，选取密度跟水的密度比较接近的空心玻璃珠（1100kg/m³）加入到水箱中，浓度为 0.0001kg/L，粒径范围为 19～21μm。

2. 沿程和局部水头损失计算

圆管沿程水头损失采用 Darcy - Weisbach 公式（吴持恭，2008）计算：

$$h_{\mathrm{f}} = f \frac{l}{4R} \frac{V^2}{2g}$$ (3-1)

式中：h_{f} 为沿程水头损失；f 为沿程水头损失系数；l 为管道长度；R 为水力半径；V 为水流流速；g 为重力加速度。

由式（3-1）可得

$$f = h_f \frac{8gR}{lV^2} \tag{3-2}$$

通过压力传感器可以直接测量每组试验的直流道沿程水头损失，水流流速通过直流道的出流量和断面尺寸直接计算获得，将沿程水头损失和水流流速值代入式（3-2）可以计算出每组试验流道沿程水头损失系数。

通过迷宫流道进出口压力传感器，也可直接测量出迷宫流道总水头损失，由于直流道长度和迷宫流道拉直长度一样，每组试验下的迷宫流道沿程水头损失与直流道沿程水头损失相等，直流道沿程水头损失通过直流道进口和迷宫流道进口的压力传感器直接测得，因此，通过迷宫流道总水头损失和沿程水头损失可以计算出迷宫流道局部水头损失。根据经典水力学理论，局部水头损失可以采用下式（吴持恭，2008）计算：

$$h_j = \varepsilon \frac{V^2}{2g} \tag{3-3}$$

式中：h_j 为局部水头损失；ε 为局部水头损失系数。

雷诺数定义为惯性力与黏性力的比值，用于描述不同水流流态，比如层流和紊流，可按式（3-4）计算：

$$Re = \frac{4RV}{\gamma} \tag{3-4}$$

式中：Re 为雷诺数；γ 为黏滞系数；其他符号物理意义同上。

3.1.2　直流道中水流流态和沿程水头损失

图 3-3 给出了直流道在不同断面尺寸下沿程水头损失系数与雷诺数之间的关系。当雷诺数小于 2000 时，直流道中的水流为层流；当雷诺数超过 2000 时，水流变成紊流。直流道中无论是层流还是紊流，实测的沿程水头损失系数与预估的都比较接近。

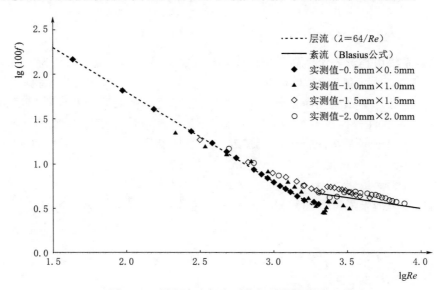

图 3-3　沿程水头损失系数与雷诺数的关系

　　利用 PIV 测试系统观测了直流道水流中的空心玻璃珠。在相同时段内，随机选取了 3 个空心玻璃珠，图 3-4 给出了断面尺寸为 1.0mm×1.0mm 的直流道在雷诺数为 1930 和 2216 时的运动轨迹。从图 3-4 中可以看出，当雷诺数为 1930 时，随机选取的 3 个空心玻璃珠运动轨迹与直流道边界平行，表明此时水流为层流；当雷诺数增加到 2216 时，随机选取的 3 个空心玻璃珠运动轨迹变为曲线，并相互交叉，表明此时水流已变成紊流。因此，直流道中水流由层流变为紊流的临界雷诺数约为 2000。粒子运动轨迹进一步证明了，即使迷宫流道小到 0.5mm×0.5mm，直流道中的水流流态仍然符合经典水力学理论。

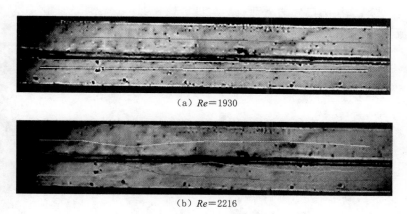

（a）$Re=1930$

（b）$Re=2216$

图 3-4　直流道不同雷诺数下的粒子运动轨迹

　　图 3-5 给出了不同断面尺寸直流道沿程水头损失与流速之间的关系，结果符合经典水力学理论，层流状况下，沿程水头损失与水流流速的 1 次方成正比；紊流状况下，沿程水头损失与水流流速的 1.5～2.0 次方成正比。

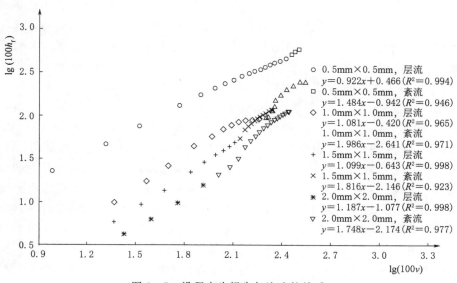

○　0.5mm×0.5mm，层流
　　$y=0.922x+0.466(R^2=0.994)$
□　0.5mm×0.5mm，紊流
　　$y=1.484x-0.942(R^2=0.946)$
◇　1.0mm×1.0mm，层流
　　$y=1.081x-0.420(R^2=0.965)$
　　1.0mm×1.0mm，紊流
　　$y=1.986x-2.641(R^2=0.971)$
+　1.5mm×1.5mm，层流
　　$y=1.099x-0.643(R^2=0.998)$
×　1.5mm×1.5mm，紊流
　　$y=1.816x-2.146(R^2=0.923)$
*　2.0mm×2.0mm，层流
　　$y=1.187x-1.077(R^2=0.998)$
▽　2.0mm×2.0mm，紊流
　　$y=1.748x-2.174(R^2=0.977)$

图 3-5　沿程水头损失与流速的关系

3.1.3　迷宫流道中水流流态和局部水头损失

在相同时刻，随机选取了两个空心玻璃珠，图 3-6 给出了断面尺寸为 0.5mm×0.5mm、雷诺数为 43 时，迷宫流道进口处的粒子运动轨迹。从图 3-6 中可以看出，当雷诺数为 43 时，这两个空心玻璃珠的运动轨迹与迷宫流道边界平行，在迷宫流道直线段，空心玻璃珠沿直线运动，在迷宫流道弯齿处，受向心力的作用，空心玻璃珠运动方向发生改变，但是过了弯齿后，玻璃珠仍然继续沿直线运动，这是因为当雷诺数比较小时，水流黏滞力大于惯性力。尽管在离开迷宫流道出口前，玻璃珠运动不断受到弯齿影响，但是如图 3-7 所示，玻璃珠在出口处的运动轨迹与进口处相似。这说明当雷诺数为 43 时，迷宫流道中的水流流态为层流。

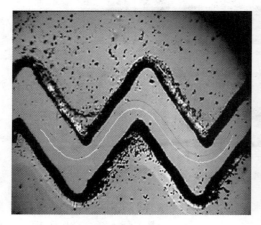 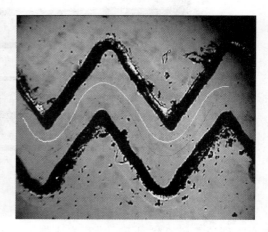

图 3-6　迷宫流道进口处粒子运动轨迹　　　　图 3-7　迷宫流道出口处粒子运动轨迹

图 3-8 给出了断面尺寸为 0.5mm×0.5mm、雷诺数为 94 时，迷宫流道进口处的粒子运动轨迹。从图 3-8 中可以看出，观测到雷诺数为 94 时的 2 个玻璃珠运动轨迹比雷诺数为 43 的轨迹要弯曲多了，这是因为随着雷诺数增大，水流惯性力比黏滞力大多了。基于上述分析，可以得出迷宫流道中水流由层流变为紊流的临界雷诺数大概为 43～94。

图 3-9 给出了不同断面尺寸迷宫流道中局部水头损失与雷诺数的关系。对于断面尺寸较小的迷宫流道（如 0.5mm×0.5mm 和 1.0mm×1.0mm），局部水头损失系数随着雷诺数的增加而减小，对于断面尺寸较大的迷宫流道（如 1.5mm×1.5mm 和 2.0mm×2.0mm），局部水头损失系数随着雷诺数的增加先增加而后趋于稳定。当雷诺数大于 1000 时，局部水头损失系数仅是迷宫流道边界的函数，而跟雷诺数无关。这种较大和较小迷宫流道中局部水头损失系数和雷诺数关系的不同，主要是因为，当迷宫流道断面尺寸较大时，如 1.5mm×1.5mm 时（图 3-10），由于相对的两排锯齿和相邻两锯齿的咬合较小，在两排锯齿间形成了一个主流区，而在同一排两个锯齿间形成了涡流区，大多数粒子均从主流区通过，这与较小断面尺寸的迷宫流道（如 0.5mm×0.5mm 和 1.0mm×1.0mm）不同，而较小断面尺寸的迷宫流道由于相对的两排锯齿和相邻两锯齿间咬合充分，其主流区非常复杂，大多数粒子脱离主流区进入涡流区。另外，相同雷诺数时，断面尺寸为

2.0mm×2.0mm 的迷宫流道局部水头损失系数小于断面尺寸为 1.5mm×1.5mm 的。这是因为断面尺寸为 2.0mm×2.0mm 的迷宫流道与 1.5mm×1.5mm 的迷宫流道，其主流区均是直的，断面尺寸越大，锯齿对水流运动影响越小。

图 3-8　雷诺数为 94 时粒子运动轨迹

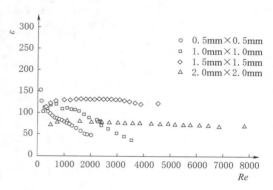

图 3-9　局部水头损失与雷诺数的关系

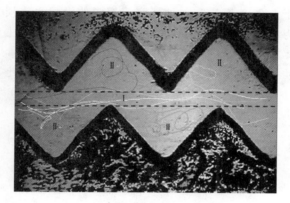

图 3-10　1.5mm×1.5mm 的迷宫流道在雷诺数为 317 时粒子运动

Ⅰ—主流区；Ⅱ—漩涡区

图 3-11 给出局部水头损失与水流流速之间的关系。从图 3-11 中可以看出，局部水头损失随着流速的增加而增大。断面尺寸为 0.5mm×0.5mm 和 1.0mm×1.0mm 的迷宫流道，其局部水头损失与水流流速的 1.6 次方成比例；断面尺寸为 1.5mm×1.5mm 和 2.0mm×2.0mm 的迷宫流道，其局部水头损失与水流流速的 2 次方成比例。

3.1.4　迷宫流道局部水头损失占总水头损失比例

迷宫流道因具有良好的消能效果而被广泛地应用于滴灌灌水器结构设计中，以调节灌水器出流量，使得有压水滴出湿润土壤。因此，研究迷宫流道中局部水头损失与总水头损失占比，对于灌水器结构设计至关重要。图 3-12 给出了迷宫流道中局部水头损失与总水头损失占比。从图 3-12 中可以看出，局部水头损失与总水头损失占比随着雷诺数的增加而增加，但是当雷诺数大于一定值后，占比趋于稳定，不随雷诺数而变化。对于断面尺寸为 1.0mm×1.0mm、1.5mm×1.5mm 和 2.0mm×2.0mm 的迷宫流道，当雷诺数超过

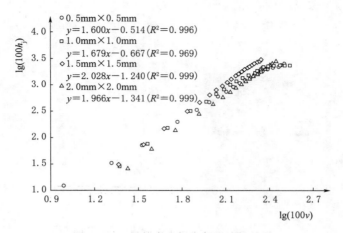

图 3-11　局部水头损失与流速的关系

2000，其局部水头损失与总水头损失占比为 0.95，迷宫流道中的水头损失主要为局部水头损失；当断面尺寸大于 1.0mm×1.0mm，迷宫流道中的沿程水头损失由于太小可以忽略不计。对于断面尺寸为 0.5mm×0.5mm 的迷宫流道，当雷诺数超过 1000 时，其局部水头损失与总水头损失占比大为 0.82，比其他断面尺寸的迷宫流道要小，这是因为断面尺寸较小，黏滞力对水流运动影响较大，进而沿程水头损失也较大。因此，在灌水器结构设计时，建议迷宫流道断面尺寸大于 1.0mm×1.0mm 比较适宜，因为断面尺寸太小，如 0.5mm×0.5mm，不仅消能效果较差，而且灌水器也容易发生堵塞。

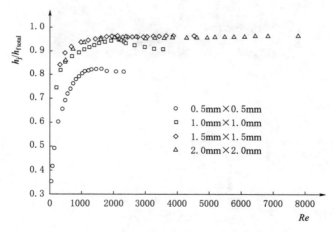

图 3-12　局部水头损失占总水头损失比例

3.2　动态水压下迷宫流道水流运动特性

迷宫流道灌水器内流道结构复杂、尺寸微小（1mm 左右），纵使是水质良好且有较完备过滤措施的滴灌系统，仍有微小的固体颗粒物进入灌水器流道造成灌水器堵塞（Taylor et al.，1995；Huang et al.，2006；王文娥等，2006；李云开等，2007），尤其对小流量微压滴灌系统而言，灌水器更易堵塞。解决迷宫流道灌水器堵塞问题的关键在于使得灌水器流道具有较强的抗堵塞能力（冯吉等，2013）。因此，众多学者常通过优选流道结构参数及优化设计流道边界，来保证流道内具有良好的流动状态，提升流道内水流对颗粒物的输移能力，进而达到提高流道抗堵塞能力的目的（魏正英等，2008；牛文全等，2010；喻黎明等，2016；Zhang et al.，2011）。魏正英等（2005）分析了迷宫流道内部流动场的情况及其堵塞机理，提出了迷宫流道主航道抗堵优化设计方法。芦刚等（2007）通过两相流数值模拟，分析了灌水器内水流的流场、固相物的运动轨迹及密度分布，通过短周期抗堵塞试验，对3种涡体流道进行了短周期堵塞测试，并结合快速成形/快速制模（RP/RT）技术，提出了一种灌水器快速低成本开发的方法。喻黎明等（2014）分析了梯形流道内含沙量分布及水沙流速分布，并以某一含沙量分布线作为流道边界，对流道进行优化，由此获得抗堵塞性能较好的流道模型。但由于流道边界条件及灌溉水质状况复杂，使得灌水器物理堵塞问题仍未完全被解决。近年来，由于动态水压供水技术的优越节能性，已有学者开始尝试将动态水压供水技术应用在灌溉中，这种方法有别于已有的脉冲式滴灌方式（Assouline et al.，2006；Elmaloglou et al.，2007），它是通过动态水压加剧系统和灌水器内水流紊动，提高水流对颗粒物的输移能力，从而达到改善系统和灌水器抗堵性能的目的（芦刚，2010；王聪，2011；刘洁等，2014）。

为此，本节通过在水源中添加一定浓度的固体颗粒物，并采用高速摄像仪分别对4种典型的动态水压模式（三角函数、三角、台阶及矩形波形）下灌水器流道内颗粒物运动情况进行连续拍摄，以获得颗粒物的运动轨迹和速度等信息，进而对比分析不同动态水压模式下迷宫流道内的颗粒物运动特性，揭示动态水压抗堵塞机理，并优选出能最有效提高流道抗堵性能的动态水压模式。

3.2.1 试验装置与方法

3.2.1.1 试验装置

试验在西北农林科技大学中国旱区节水农业研究院灌溉水力学实验厅进行，试验装置如图3-13所示，主要由水箱、搅拌机（电动机转速为900r/min）、50WBZS15-22型不锈钢自吸式耐腐蚀微型电泵、筛网过滤器（筛网孔径为0.125mm）、变频柜、压力表（量程40m，精度0.5%）、压力传感器（西安新敏CYB型，量程40m，精度0.1%）、数据采集器和PTV可视化试验平台等组成。

图3-14为PTV流道观测区域图，观测区域主要位于第7及第8流道单元，观测区域长为5.6mm。为了便于分析流道内水流运动特性，把流道划分为主流区和滞止区（魏正英等，2005），从观测区域中选取流道中心线与流道上齿下部之间的A区为速度主流区特征观测区域。A区位于第7流道单元末端上齿下部0.15mm处，A区直径均为0.1mm。观测水流在迷宫流道内的运动情况时，选取的示踪粒子密度接近于水，铅垂方向重力的影响较小，可以忽略，因此可以仅选取第7流道单元内B区（属于流道近壁区域），是颗粒物易于发生沉积的区域为速度滞止区特征观测区域，B区位于第7流道单元上部近流道顶部0～0.1mm处。

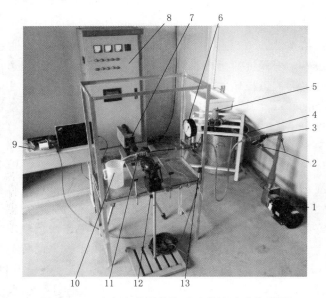

图 3-13　迷宫流道颗粒物运动特性试验装置图

1—不锈钢离心泵；2—阀门；3—过滤器；4—水箱；5—搅拌机；6—压力表；7—高速摄像仪；
8—变频柜；9—数据采集器；10—塑料量杯；11—试验样件；12—连续光源；13—压力传感器

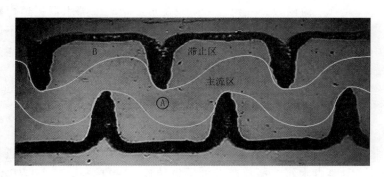

图 3-14　PTV 流道观测区域图

　　变频柜主要由可编程逻辑控制器 PLC 和变频器组成，将压力模式程序输入 PLC 控制变频器，以控制加压水泵电动机的转速，进而实现不同的动态水压模式（如三角函数波形、三角波形、矩形波形和台阶波形等）。通过参数设置，可以设定水压极大值、中间值、极小值及波动周期。由于迷宫流道出流量较小，设计试验装置时加入了回流系统，可以把水泵大部分出流量回流到水箱，以保证水泵安全运行；同时，回流管道上的阀门也可以辅助变频柜调节流道进口压力。

　　为了观测灌水器迷宫流道内的水流运动，以杨凌秦川节水灌溉设备工程有限公司生产的贴片式滴灌带中的迷宫流道灌水器为原型，利用数控激光加工机床雕刻技术（雕刻精度为 0.01mm）将迷宫流道按 1∶1 的比例雕刻在透明的有机玻璃板上，制成试验样件，如图 3-15 所示。试验样件由 2 块 3mm 厚度的有机玻璃板夹着 1 块雕刻有迷宫流道的 1mm

厚度的有机玻璃板构成，并用螺栓对 3 块有机玻璃板进行固定。在流道进口前 4mm 处刻有测压孔，并通过直径 2mm 的不锈钢管及透明软管连接压力传感器。流道进出口平直流道加长，以便流体充分发展。流道共有 13 个单元，总长为 22.1mm，宽度为 1mm，其他流道结构参数如图 3－16 所示。为了尽可能真实地反映迷宫流道水流运动，采用水流跟随性较好、密度接近水的 Nylon 粒子（4μm，密度为 1.04g/cm³，以下简称粒子）粒径作为示踪粒子。

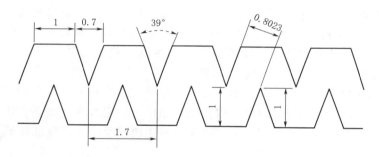

（a）迷宫流道灌水器　　　　　　　（b）有机玻璃试验样件

图 3－15　迷宫流道灌水器及有机玻璃试验样件图

图 3－16　迷宫流道结构及参数（单位：mm）

3.2.1.2　试验方法

试验时，在水箱中按 0.01g/L 质量浓度加入 Nylon 粒子（以下简称粒子），开启搅拌器进行搅拌，使得粒子均匀分布于水箱的水体中；开启变频柜并设置变频器运行参数，然后开启水泵。调节完毕后，待压力稳定，通过连接在流道进口处的压力传感器测量流道进口压力并由计算机记录压力传感器瞬时采集（1 次/s）的数据，用称重法（测量 2 次，每次测量时间为 20min，取平均值）测量并记录流道末端出流量。开启连续光源及高速摄像仪，调整及设定高速摄像仪的焦距、数字式位移、快门速度及每秒采集帧数等参数，最后开始采集并保存高速摄像仪拍摄的图像。采集图像时，设定每秒采集 6000 帧图像，快门速度、数字移动及触发模式等参数采用系统默认值。参照《农业灌溉设备　滴头和滴灌管　技术规范和试验方法》（GB/T 17187—2009），对恒定水压下流道压力流量关系进行测定，得到流道的压力流量计算公式为 $q=1.188H^{0.538}$，其中：q 为流道流量，L/h；H 为流道进口工作水压，m。试验选定恒定水压及三角函数波形动态水压（图 3－17）2 种模式，为了使试验能够体现小流量微压滴灌，选定恒定水压和三角函数波形动态水压下流道进口基础水压（流道进口平均工作水压）为 4m，三角函数波形动态水压模式（以下简称动态水压）的波动周期和振幅分别设为 10s 和 3m。试

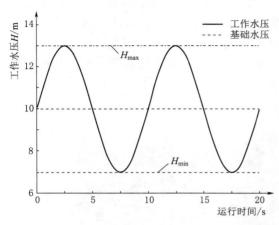

图 3-17　三角函数波形动态水压模式示意图

验采用全试验处理，共 2 个处理。

3.2.2　粒子轨迹线

流道主流区的水流速度较大，处在主流区粒子能够随水流快速通过流道单元；滞止区存在较大的涡旋且速度极低，粒子运动到滞止区易随水流进行绕圈运动甚至在滞止区沉积下来；粒子在流道内运动圈数（指粒子随着紊动水流完成绕圈运动的次数）越多，说明粒子在流道内停留时间越长，那么粒子在流道内沉积的概率越大。因此可以采用粒子在流道内运动圈数来反映粒子沉积概率。

采用后处理软件 Movias Pro Viewer 1.63 对基础水压为 4m 时动态水压及恒定水压下采集的粒子运动动态图像进行处理，分别从图像中随机选取 100 个进入滞止区的粒子，描绘出每个粒子的运动轨迹线，并对粒子运动圈数按 1、2、3、4 及 5（含 5 以上）等 5 个水平进行统计。动态水压及恒定水压下流道内粒子运动圈数统计结果如图 3-18 所示。动态水压下粒子运动圈数主要是以 1 圈的居多，占粒子总量的 36%，随着粒子运动圈数的增加，粒子百分数有逐渐减小的趋势；恒定水压下粒子运动圈数主要是以 2 和 3 圈居多，占粒子总量的 62%，随着粒子运动圈数的增加，粒子百分数先增大后减小。由此可以看出，相比于恒定水压，动态水压下粒子运动圈数明显减少，说明采用动态水压可以缩短粒子在流道内停留时间，降低粒子沉积概率。

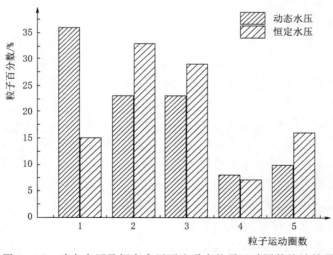

图 3-18　动态水压及恒定水压下流道内粒子运动圈数统计结果

图 3-19 给出了动态水压及恒定水压下粒子通过 PTV 观测区域的平均时间。由图 3-19 可知，不同运动圈数时，动态水压下粒子平均通过时间均小于恒定水压下粒子平均通过时间，其相对偏差为 10%～35%。如当运动圈数为 1 时，动态水压下粒子通过时间比恒定水

压下缩短了 0.0017s，相对偏差为 27.9%；当运动圈数为 5 时，动态水压下粒子通过时间比恒定水压下缩短了 0.008s，相对偏差为 34.2%。因此，进一步说明相比于恒定水压，动态水压下粒子在流道内停留时间缩短，降低粒子在流道内的沉积概率。

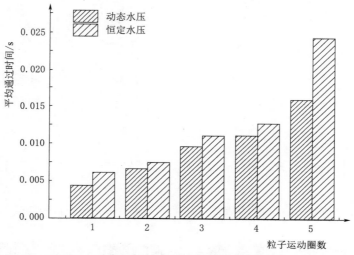

图 3-19　不同运动圈数下粒子平均通过时间

3.2.3　主流区粒子运动速度

图 3-20 给出了动态水压及恒定水压下基础水压为 4m 时 $T/2$ 时段（从 H_{min} 变化至 H_{max}）内主流区 A 处水流流速变化曲线。如图 3-20 所示，恒定水压下，随着时间的变化，A 处的水流流速稳定在 0.38m/s 左右，变化较小。在动态水压下 $T/2$ 时段内，随着时间变化，A 处水流流速不断增大，从 0.21m/s 增至 0.52m/s，增幅较大。由此可以看出，相比于恒定水压，动态水压下主流区水流流速始终保持大幅度地上下波动，水流紊动更加强烈，从而使得大量粒子可以快速经主流区通过流道，降低了粒子进入滞止区的概率；同时不断冲击滞止区水流，加剧了滞止区内水流紊动，使得进入滞止区内的粒子不易在滞止区内产生沉积。

3.2.4　滞止区粒子运动速度

图 3-21 给出了动态水压及恒定水压下基础压力为 4m 时 $T/2$ 时段（从 H_{min} 变化至 H_{max}）内滞止区 B 处水流流速变化曲线。如图 3-21 所示，恒定水压下，随着时间的变化，B 处水流流速在 0.076m/s 左右发生较小波动，说明恒定水压下滞止区为稳定的低速区，粒子进入滞止区后极易沉积并被吸附在流道壁面。动态水压下 $T/2$ 时段内，随着时间的变化，B 处的水流流速不断增大，从 0.028m/s 增大至 0.15m/s，增幅明显。图 3-22 给出了动态水压及恒定水压下 PTV 观测粒子运动轨迹。如图 3-22 所示，恒定水压下粒子随流道滞止区内漩涡不断做绕圈运动，粒子在滞止区运动时间较长；动态水压下进入滞止区的粒子能迅速随水流返回主流区，粒子在滞止区运动时间较短。因此，说明动态水压下滞止区虽然水流流速仍较低，但水流紊动强烈，粒子进入滞止区后随水流不断运动，降

低了粒子沉积的可能，部分粒子在水流紊动作用下能够迅速重返主流区，并最终通过流道。因此，说明采用动态水压可以明显提高流道抗堵能力。

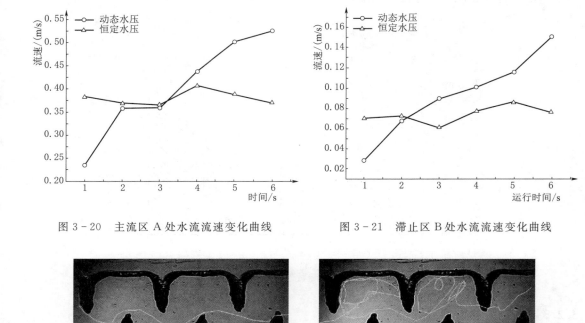

图 3 - 20　主流区 A 处水流流速变化曲线　　　　图 3 - 21　滞止区 B 处水流流速变化曲线

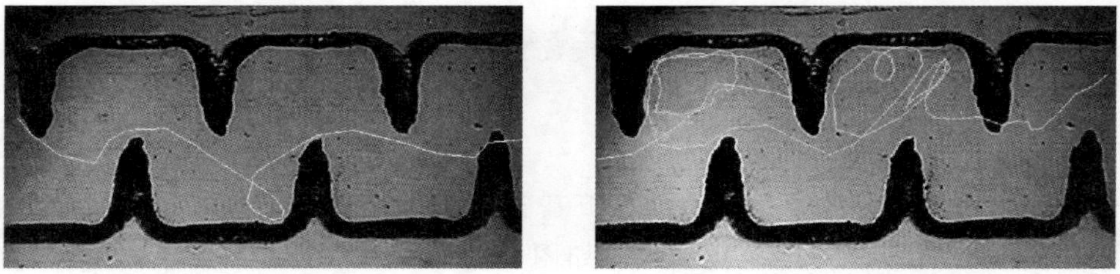

（a）动态水压　　　　　　　　　　　　　　（b）恒定水压

图 3 - 22　动态水压及恒定水压下 PTV 观测粒子运动轨迹

3.3　动态水压下迷宫流道内颗粒物运动特性

采用 PTV 观测试验，观测动态水压下灌水器迷宫流道内沙粒的运动情况，以获得沙粒的颗粒通过率等信息；结合 CFD - EDEM 耦合模型进行模拟，从微观角度分析动态水压下灌水器内颗粒运动规律，并以颗粒通过率为评价指标，对不同动态水压波动参数组合下迷宫流道的抗堵塞性能进行评价，以此优选出抗堵塞性能最好的参数组合。

3.3.1　试验材料与方法

试验在西北农林科技大学中国旱区节水农业研究院灌溉水力学实验厅进行，试验装置、测试迷宫流道样件和尺寸等同 3.2 节。试验时，通过在水箱中按 0.01g/L 的浓度加入固体颗粒物，开启搅拌器进行搅拌，使得颗粒物均匀分布于水箱的水体中；开启变频柜并设置变频器运行参数，然后开启水泵。调节完毕后，待压力稳定，通过连接在流道进口处压力传感器测量流道进口压力并由计算机记录压力传感器瞬时采集（1 次/s）的数据，用称重法（测量 2 次，每次测量时间为 20min，取平均值）测量并记录流道末端出流量。开启连续光源及高速摄像仪，调整及设定高速摄像仪的焦距、数字式位移、快门速度及每秒采集帧数等参数，最后开始采集并保存高速摄像仪拍摄的图像。采集图像时，设定每秒采集 6000 帧图像，快门速度、数字移动及触发模式等参数采用系统默认值。PTV 观测区域主要位于第 7 及第 8 流道单元，观测区域长为 5.6mm。参照《农业灌溉设备 滴头和滴灌管 技术规范和试验方法》（GB/T 17187—2009），对恒定水压下流道压力流量关系进行测定，得到流道的压力流量计算公式为 $q=1.153H^{0.534}$。试验选定三角函数波形、三角波形、台阶波形及矩形波形 4 种动态水压模式（不同动态水压模式下实测工作水压变化详见图 3-23），为了使试验能够体现小流量微压滴灌，选定 4 种动态水压模式下流道进口基础水压（流道进口平均工作水压）均为 4m，波动周期和振幅分别设为 30s 和 4m。试验采用全试验处理，共 20 个处理。

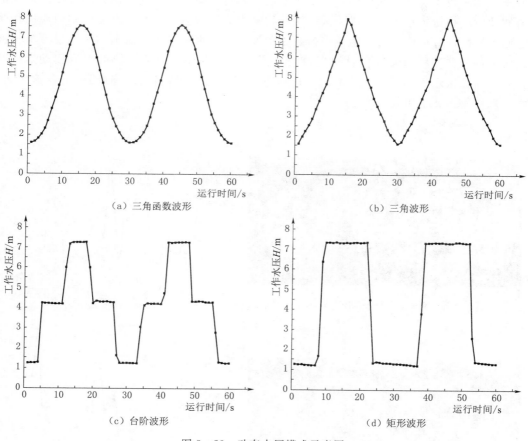

图 3-23 动态水压模式示意图

3.3.2 颗粒物运动速度

图 3-24 为不同动态水压模式下颗粒运动时间均为 0.012s 左右时 PTV 观测的第 7 和第 8 流道单元内单个颗粒物运动轨迹及瞬时运动速度。如图 3-24 所示，4 种动态水压模

式下颗粒物均进入了滞止区（流道可分为主流区和滞止区），且颗粒物在滞止区的瞬时运动速度均较小，绝大部分在 0.2m/s（沙粒直径为 $10\mu m$ 左右时的止动比速）以下，说明 4 种动态水压模式下进入流道的颗粒物易随水流进入滞止区，滞止区水流流速较低，颗粒物长时间滞留在滞止区易发生沉积。三角函数波形动态水压模式下颗粒物往返主流区和滞止区 3 次，平均每个流道单元内发生 1 次，且每次滞留滞止区的时间较短；三角波形及台阶波形动态水压模式下发生 2 次往返运动，且每次滞留在滞止区的时间较长；而矩形波形动态水压模式下仅发生 1 次往返运动，且每次滞留在滞止区的时间最长。由于三角函数波形动态水压模式下流道内水流流速始终保持大幅度地连续上下波动，水流紊动加剧，并产生强烈的水流波动效应，对滞止区水流不断发生冲击，滞止区与主流区水流和能量交换更为频繁，进入流道的颗粒物极易随水流进入滞止区，但在水流波动效应的作用下能迅速的返回主流区，并最终通过整个流道；三角波形动态水压模式下流道内工作水压的瞬时波动幅度低于三角函数波形动态水压模式下工作水压的瞬时波动幅度，其水流紊动强度及产生的水流波动效应相对较小，进入滞止区的颗粒物随水流不断运动，并在水流波动效应的作用下返回主流区，并最终通过流道；台阶及矩形波形动态水压模式下流道内水流虽然流速波动也较大，但在波动期间较长时间流道内水流流速稳定在一定值，使得水流波动效应减弱，且对滞止区水流冲击的作用减弱，使得进入滞止区的颗粒物较长时间滞留在该区内，增大了颗粒物沉积的可能。

 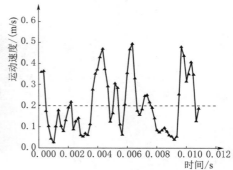

（a）三角函数波形

 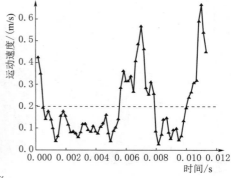

（b）三角波形

图 3-24（一） 不同动态水压模式下 PTV 观测颗粒物运动轨迹及瞬时运动速度图

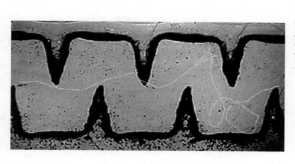

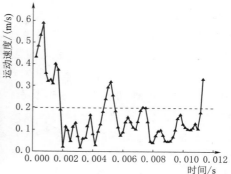

（c）台阶波形

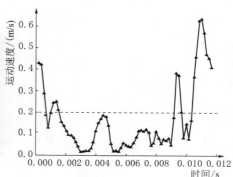

（d）矩形波形

图 3-24（二）　不同动态水压模式下 PTV 观测颗粒物运动轨迹及瞬时运动速度图

3.3.3　颗粒物轨迹线

由于示踪颗粒物的布朗运动是由扩散引起的，单个颗粒物的运动情况存在较大的随机性，但所有的颗粒物的布朗运动属于正态分布的随机运动，因此可以采用概率统计的方法，分析整个流场内颗粒物的运动情况。本书以颗粒物在流道流场内运动圈数作为统计指标，对大量颗粒物的运动轨迹进行统计分析，进而分析整个流道流场内颗粒物的运动情况。本书采用后处理软件 Movias Pro Viewer 1.63 对基础水压为 4m 时不同动态水压模式下采集的颗粒物运动动态图像进行处理，分别从图像中随机选取 300 个进入滞止区的颗粒物，描绘出每个颗粒物的运动轨迹线，并对颗粒物运动圈数按 1、2、3、4 及 5（含 5 以上）等 5 个水平进行统计。图 3-25 给出了不同动态水压模式下流道内颗粒物运

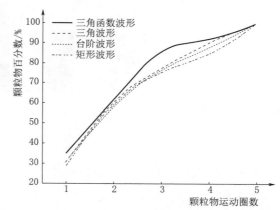

图 3-25　不同动态水压模式下流道内
颗粒物运动圈数累积概率曲线

动圈数累积概率曲线。如图 3－25 所示，当颗粒物运动圈数为 1 时，三角函数波形动态水压模式下颗粒物运动圈数的概率最大，占颗粒物总量的 35％；三角波形及台阶波形的次之，均占 31％左右；矩形波形的最小，占 29％左右；当颗粒物运动圈数为 3 时，三角函数波形动态水压模式下颗粒物运动圈数累积概率最大，占颗粒物总量的 86％；三角波形及台阶波形的次之，分别占 77.8％和 77％；矩形波形的最小，占 75.8％。当颗粒物运动圈数为 1～3 时，四种动态水压模式下累积概率曲线斜率均次之，其中三角函数波形累积概率曲线斜率最大，三角波形及台阶波形次之，矩形波形最小。当颗粒物运动圈数为 3～5 时，三角函数累积概率曲线斜率最为平缓，三角及台阶波形次之，矩形波形最大。由此可以看出，对于不同动态水压模式，颗粒物运动圈数从少到多的次序为：三角函数波形、三角波形、台阶波形、矩形波形，说明三角函数动态水压模式下颗粒物在流道内停留时间可能最短，颗粒物在流道内的沉积概率可能最小。

图 3－26 为不同动态水压模式下颗粒物通过 PTV 观测区域的平均时间。由图 3－26 可知，随着颗粒物运动圈数的增加，4 种动态水压模式下颗粒物平均通过时间均不断增大；不同运动圈数时，三角函数波形动态水压模式下颗粒物平均通过时间最短，三角及台阶波形动态水压模式下的次之，矩形波形动态水压模式下的最长。由此可以看出，对于不同动态水压模式，颗粒物平均通过时间从小到大的次序为：三角函数波形、三角波形、台阶波形、矩形波形。进一步说明三角函数波形动态水压模式下颗粒物在流道内停留时间最短，颗粒物在流道内的沉积概率最低，水流对颗粒物的输移能力最大。

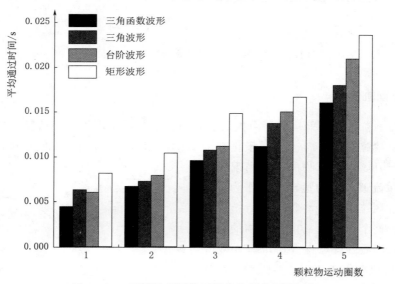

图 3－26　不同运动圈数下颗粒物平均通过时间

3.3.4　迷宫流道滞止区局部流场分析

从上述 4 种动态水压模式下单个颗粒物运动情况的对比分析及多个颗粒物运动情况的统计分析可知，三角函数波形动态水压模式能最有效地提高流道抗堵塞性能。为了进一步揭示三角函数波形动态水压模式下流道高抗堵塞性能的原因，对其流道内流场进行详细分析。对于锯齿形迷宫流道，其齿尖后部流场较为复杂，且存在低速漩涡区，此处水流流速较小，甚至可能低于堵塞物质的起动速度，是流道中极易发生堵塞的区域。因此，为了更加有效地分析迷宫流道流场细节，选取第 7 流道单元齿尖后部顶角局部区域作为流道流场分析的特征区域 B，具体见图 3-27。采用最近邻法对进入 B 区的颗粒物的运动情况进行匹配，获得 B 区颗粒物速度矢量图，并分析进入 B 区近流道顶部 0～0.1mm 处 A 区域（属于流道近壁区域，是颗粒物易于发生沉积的区域）的颗粒物平均运动速度变化。

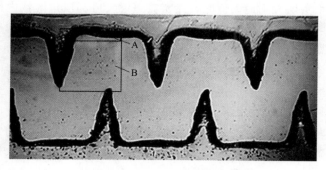

图 3-27　PTV 观测区域图

　　图 3-28 为三角函数波形动态水压模式下基础压力水头为 4m 时一个完整周期 T 内近壁区内颗粒物平均运动速度变化曲线。随着时间变化，三角函数波形动态水压模式下流道内工作水压和近壁区内颗粒物的平均运动速度均呈先不断增大后不断减小的趋势，且其变化趋势基本一致；三角函数波形动态水压模式下近壁区内颗粒物的运动速度仍较低，但仍有一定程度地上下波动，从 0.03m/s 左右不断增至 0.159m/s 左右，而后不断下降至 0.03m/s 左右。说明三角函数波形动态水压模式下近壁区水流受流道内水流波动效应的影响，水流紊动加剧，进入近壁区的颗粒物易随水流不断运动，降低了颗粒物沉积的可能，甚至部分颗粒物在水流波动效应的作用下能够迅速重返主流区，并最终通过流道。

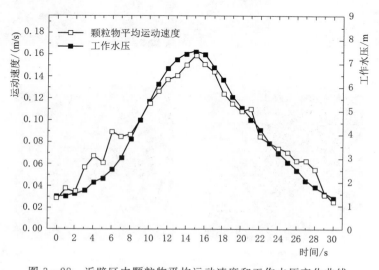

图 3-28　近壁区内颗粒物平均运动速度和工作水压变化曲线

　　图 3-29 为三角函数波形动态水压模式下基础压力水头为 4m 时一个完整周期 T（进口水压先从 H_{min} 变化至 H_{max}，再从 H_{max} 变化至 H_{min}）内迷宫流道齿尖后部顶角区域速度矢量图。如图 3-29 所示，流道内工作水压波动初期，流道内工作压力水头最低，迷宫流道齿尖后部顶角区域存在较大的漩涡区，漩涡区水流流速及颗粒物运动速度均较低；随着时间的变化，流道内工作压力水头不断增大，迷宫流道齿尖后部顶角区域内低速漩涡区遭到冲击，在接近主流区的边缘位置颗粒物运动方向剧烈变化，并形成了为数较少的新的小漩涡；当工作压力水头增大到最大值时，迷宫流道齿尖后部顶角区域内低速漩涡区遭到强烈冲击，整个漩涡区内颗粒物运动方向变化更为剧烈，原有的漩涡结构遭到严重破坏，并形成了为数较多的新的小漩涡；随着时间的继续变化，流道内工作压力水头不断降低，迷宫流道齿尖后部顶角区域内遭到破坏的低速漩涡区逐渐恢复，仅在接近主流区的边缘位置仍然存在为数较少的小漩涡；当流道内工作压力水头降低至最低值时，迷宫流道齿尖后部顶角区域内遭到破坏的低速漩涡区已经完全恢复。由此可以看出，随着时间的变化，流道内工作压力水头不断发生变化，流道内水流紊动剧烈，形成的水流波动效应使得流道滞止区低速漩涡不断遭到冲击并发生破坏，而后又逐渐恢复；在流道工作水压较低时水流的波动效应使得进入滞止区的颗粒物随水流不断运动，不易在滞止区内产生沉积；在流道内工作压力水头较大时水流的波动效应使得进入滞止区的颗粒物能随水流迅速通过流道，并对滞留甚至沉积在滞止区内的颗粒物发生强烈冲击，使得颗粒物离底悬浮，返回主流区，并迅速通过流道，极大地增强了水流对颗粒物的输移能力，从而增强流道的抗堵塞性能。

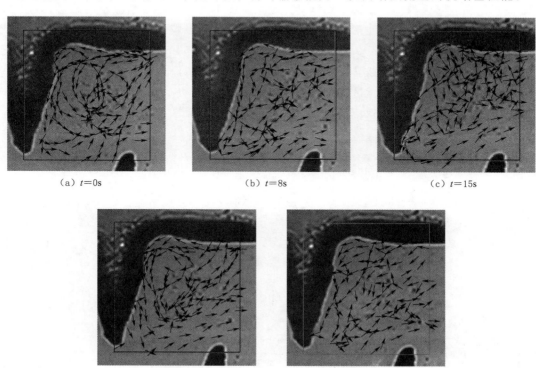

（a）$t=0$s　　　　　　（b）$t=8$s　　　　　　（c）$t=15$s

（d）$t=22$s　　　　　　（e）$t=30$s

图 3-29　迷宫流道齿尖后部顶角区域速度矢量图

3.4 动态水压对迷宫流道灌水器堵塞的影响

前3节主要围绕迷宫流道，研究了其内部水流流态和水沙两相流运动情况，为揭示动态水压滴灌抗堵机理奠定了一定的基础。本节以灌水器为研究对象，通过动态水压及恒定水压下迷宫流道灌水器短周期浑水试验，分析灌水器平均流量、克里斯琴森灌水均匀系数、灌水器堵塞个数及灌水器具体堵塞情况，探究动态水压下迷宫流道灌水器抗堵塞性能。

3.4.1 试验装置与方法

3.4.1.1 试验装置

试验在西北农林科技大学中国旱区节水农业研究院灌溉水力学实验厅进行，试验装置如图3-30所示，主要由水箱、搅拌机（电动机转速为900r/min）、ISW40-200型离心泵、不锈钢支架、不锈钢推车、变频柜、压力表（量程40m，精度0.5%）、压力传感器（西安新敏CYB型，量程40m，精度0.1%）、塑料量杯（规格为2000mL）、数据采集器和5根滴灌带（包含40个灌水器）等组成。变频柜主要由可编程逻辑控制器PLC和变频器组成，将压力模式程序输入可编程逻辑控制器PLC中，以控制加压水泵电机的转速，进而实现不同的动态水压模式（如三角函数波形、三角波形、矩形波形和台阶波形等），通过参数设置，可以设定水压极大值、中间值、极小值及波动周期。设计试验装置时加入了回流系统。该系统可以把水泵大部分出流量回流，以保证水泵安全运行；同时，回流管道上的阀门也可以辅助变频柜调节滴灌带进口压力。塑料量杯放置在不锈钢推车上，通过移动推车同时测量40个灌水器的流量。由于滴灌系统常用的过滤器筛网为120目，因此采用的粒径小于0.125mm的沙粒进行试验。为加快灌水器堵塞，试验时水中的泥沙含量设为2g/L。

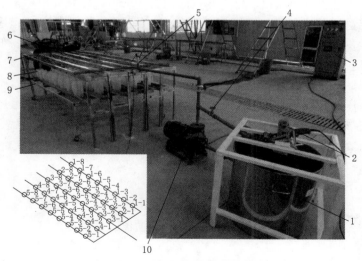

图3-30 短周期浑水试验装置图

1—水箱；2—搅拌机；3—变频柜；4—阀门；5—压力传感器；6—滴灌带；7—不锈钢支架；
8—塑料量杯；9—不锈钢推车；10—ISW40-200型离心泵

供试滴灌带为杨凌秦川节水灌溉设备工程有限公司生产的内镶贴片式滴灌带，其迷宫流道灌水器主要有进口栅格、13 个迷宫流道单元及出口等组成，具体详见图 3-31。滴灌带结构和性能参数详见表 3-1。

（a）内镶贴片式滴灌带　　　　　　　　　　　（b）迷宫流道灌水器

图 3-31　测试的滴灌带

表 3-1　　　　　　　　　　　滴灌带结构和性能参数

流道结构形式	流道截面尺寸/mm		额定流量/(L/h)	管道外径/mm	管壁厚度/mm	灌水器间距/mm
	宽度	深度				
锯齿形	0.8	1	2	16	0.28	30

3.4.1.2　试验方法

试验时，通过在水箱中按 2g/L 的浓度加入沙粒，开启搅拌器进行搅拌，使得沙粒均匀分布于水箱的水体中；开启变频柜并设置变频器运行参数，然后开启水泵。调节完毕后，待压力稳定，通过连接在流道进口处压力传感器测量流道进口压力并由电脑记录压力传感器瞬时采集（1 次/s）的数据。移动推车，使得所有塑料量杯处于各个灌水器的正下方，从而收集各个灌水器出流量，每次测量时间为 30min，最后采用称重法测量并记录每个灌水器的出流量。试验参照美国灌溉手册推荐的短周期抗堵塞测试程序（ISO 2003），灌水 30min 及停歇 30min 为一个试验周期，试验共设置 32 个试验周期。低压灌溉是当代滴灌发展的趋势，滴灌系统工作压力的降低虽然降低了滴灌系统的实施及运行成本，但在低压条件下滴灌灌水器流道更加容易发生堵塞。在 PTV 观测试验时选定恒定水压及三角函数波形动态水压两种模式，选定较低的工作压力水头（4m）作为流道进口基础压力水头，三角函数波形动态水压模式（以下简称动态水压）的波动周期和振幅分别设为 30s 和 3m。试验共 2 个处理。通过压力传感器测得的恒定水压和动态水压如图 3-32 所示。

3.4.1.3　评价指标

通常采用以下指标来评价灌水器堵塞。

1. 灌水器平均流量

灌水器平均流量指所测试灌水器流量的算术平均值，可以按式（3-5）计算：

$$\overline{q} = \frac{\sum\limits_{i=1}^{n} q_i}{n} \tag{3-5}$$

式中：$\overline{q}$ 为灌水器平均流量，L/h；q_i 为第 i 个灌水器流量，L/h；n 为灌水器个数。

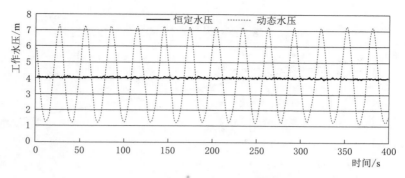

图 3 - 32　恒定水压和动态水压随时间的变化

2. 克里斯琴森均匀系数

克里斯琴森均匀系数（C_u）是衡量滴灌均匀性的一个常用指标。如果 C_u 值为 1，说明滴灌系统中所有灌水器的流量几乎一样；如果 C_u 值较低，说明滴灌系统中灌水器之间的流量偏差较大。在本试验中，由于滴灌带水头损失及灌水器制造偏差非常小，灌水器流量偏差主要是由于灌水器堵塞引起的，所以 C_u 可以用来评价灌水器堵塞程度，C_u 值越低，说明灌水器堵塞越严重，每次灌水后的 C_u 可以按式（3-6）计算：

$$C_u = 1 - \frac{\sum_{i=1}^{n} |q_i - \bar{q}|}{n\bar{q}} \tag{3-6}$$

3.4.2　灌水器平均流量变化

图 3 - 33 给出了恒定水压和动态水压下灌水器平均流量随灌水次数的变化关系。在恒定水压和动态水压条件下灌水器平均流量随灌水次数增加均呈减小趋势，但是恒定水压条件下，灌水器平均流量减小幅度要大于动态水压。当灌水次数达到 15 次后，恒定水压下灌水器平均流量下降至灌水初始流量 q_0 的 75% 左右。根据短周期抗堵测试方法（ISO 2003），说明灌水器发生严重堵塞，而动态水压下灌水器平均流量仅仅下降至灌水初始平均流量 q_0 的 92% 左右。

当灌水次数达到 32 次，此时灌水结束，恒定水压下灌水器平均流量下降至灌水初始流量 q_0 的 63.5%，而动态水压下灌水器平均流量下降至灌水初始流量 q_0 的 85.3%。由此可以看出，灌水结束时，恒定水压下灌水器发生了严重堵塞，而动态水压下灌水器只发生了轻微堵塞。这主要是由于相比于恒定水压，动态水压下灌水器迷宫流道内水流流速始终保持大幅度地上下波动，水流紊动更加强烈，增大了水流对沙粒的输移能力，使得沙粒更加不易于在流道内滞留及发生沉积。因此，可以说明动态水压下灌水器抗堵塞性能优于恒定水压灌水器抗堵塞性能。

3.4.3　灌水均匀系数变化

单个灌水器发生堵塞存在较大的随机性，单个灌水器流量变化难以直观地反映整个灌溉系统的堵塞情况。因此，可以采用 C_u 来直观地反映整个灌溉系统的堵塞规律。图 3 - 34

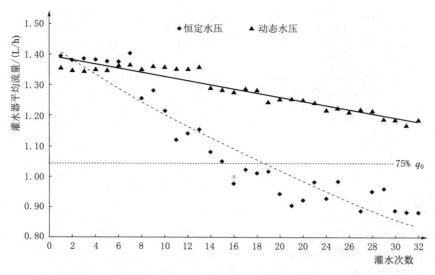

图 3 - 33 恒定水压和动态水压下灌水器平均流量随灌水次数的变化

给出了恒定水压及动态水压下 C_u 随灌水次数的变化关系。从图 3 - 34 可以看出，恒定水压及动态水压下 C_u 随着灌水次数变化趋势与平均流量变化趋势一样，只是变化幅度不同。在灌水器堵塞前，随着灌水次数增加，恒定水压和动态水压下 C_u 值均保持不变。在灌水器堵塞后，C_u 值随着灌水次数增加而减小。对于恒定水压，灌水 7 次后，C_u 开始下降，且下降幅度较大，灌水结束时，降幅达到 68.2%，这说明水流中裹挟的沙粒极易在灌水器流道中沉积下来，并随着灌水次数的增加，流道中积累的泥沙越来越多，从而导致灌水器堵塞。然而，对于动态水压，灌水 14 次后，C_u 才开始下降，降幅一般，灌水结束时，降幅为 22.6%，这说明水流中裹挟的沙粒能顺利通过灌水器流道或者在下次灌水时被带出流道，因此堵塞不太严重。另外，恒定水压下灌水 10 次，C_u 已经下降至 80%（在实际滴灌工程设计中一般要求系统灌水均匀系数最低达到 80%）以下，而动态水压下灌水 28 次 C_u 才降至 80% 以下，这进一步证明动态水压下灌水器抗堵塞性能优于恒定水压下灌水器抗堵塞性能。

3.4.4 灌水器堵塞个数变化

对于短周期浑水试验，当单个灌水器的流量下降至灌水器初始流量 q_0 的 75% 以下时，可以视为该灌水器已经发生堵塞。图 3 - 35 给出了恒定水压及动态水压下灌水器堵塞个数随灌水次数的变化关系。如图 3 - 35 所示，随着灌水次数不断增加，恒定水压及动态水压下灌水器堵塞个数均有不断增多趋势。恒定水压下，灌水 8 次后，灌水器开始发生堵塞，堵塞个数为 4 个；然而，动态水压下，灌水 14 次后，灌水器才开始发生堵塞，且只有 1 个灌水器堵塞。灌水结束时，恒定水压下在 40 个灌水器中有 15 个灌水器发生堵塞，堵塞概率达到 37.5%，而动态水压下，只有 5 个灌水器发生堵塞，堵塞概率为 12.5%。这些同样说明动态水压下灌水器抗堵塞性能明显优于恒定水压下灌水器抗堵塞性能。因此，可以采用动态水压供水模式以提高滴灌灌水器抗堵能力。

另外，从图 3 - 35 中还可以看出，恒定水压下，随着灌水次数增加，灌水器堵塞个数

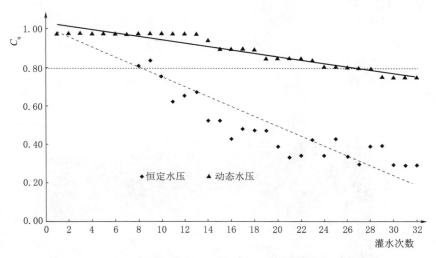

图 3-34　恒定水压及动态水压下 C_u 随灌水次数的变化

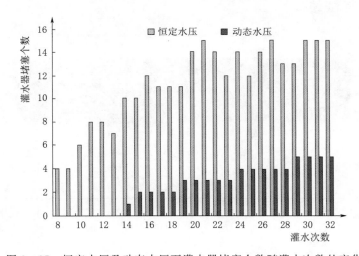

图 3-35　恒定水压及动态水压下灌水器堵塞个数随灌水次数的变化

不是单调增多，而是存在灌水器堵塞反复的情况，这可能是由于间歇性灌水时水泵的启闭产生的水击作用使得已经发生堵塞的灌水器流道重新被冲开，灌水器恢复正常出流，而后随着灌水次数增加，沙粒继续在灌水器流道内发生沉积，最终造成灌水器发生不可逆的堵塞。

3.4.5　灌水器堵塞位置

为进一步探究恒定水压及动态水压下灌水器堵塞原因，对已发生堵塞的灌水器进行剖开处理，以此观测灌水器堵塞情况。图 3-36 为恒定水压下灌水器迷宫流道内泥沙堵塞情况。恒定水压下灌水器堵塞可以分为 3 类：①迷宫流道进口和前段完全堵塞；②迷宫流道进口和中部完全堵塞；③迷宫流道进口和整个流道完全堵塞。表 3-2 给出了恒定水压和动态水压下灌水器迷宫流道内泥沙沉积位置情况。从表 3-2 中可以看出，恒定水压下灌水器堵塞一般发生在迷宫流道进口和前段，占 66.7%，但是堵塞发生在迷宫流道进口和整个流道的情况较少，只占 13.3%。恒定水压灌水器堵塞主要是因为灌溉过程中，一些泥沙会沉积在迷宫流道内，尤其是在灌水结束时，并且这些泥沙逐步积累，进而造成迷宫流道某段被堵，随着灌溉持续进行，泥沙越积越多，直到迷宫流道进口和整个流道被完全堵塞。

（a）流道进口和前段完全堵塞

（b）流道进口和中部完全堵塞

（c）流道进口和整个流道完全堵塞

图 3-36 恒定水压下灌水器堵塞情况

表 3-2   灌 水 器 堵 塞 个 数

类　型	灌水器堵塞总个数	流道进口和前段堵塞个数	流道进口和中部堵塞个数	流道进口和整个流道堵塞个数	被泥沙之外物质造成的随机堵塞个数
恒定水压	15	10	3	2	0
动态水压	5	1	0	0	4

图 3-37 给出了动态水压下所有被堵灌水器迷宫流道。如图 3-37 所示，由于动态水压下灌水器迷宫流道内水流紊动强烈，增大了水流对沙粒的输移能力，沙粒不易在流道内滞留及发生沉积。动态水压下灌水器堵塞主要是因为迷宫流道被泥沙以外的其他物质（如：生胶带碎屑等）随机堵塞。从表 3-2 中可以看出，动态水压下灌水器堵塞主要是被泥沙之外物质造成的随机堵塞，占到 80%。然而，动态水压下灌水器堵塞是不同于恒定水压下灌水器堵塞。动态水压下灌水器堵塞主要是由于泥沙以外的其他物质先把迷宫流道的某个部位堵塞，随后一些泥沙在此沉积造成堵塞。恒定水压下灌水器堵塞主要是迷宫流道进口和部分流道被泥沙完成堵塞。造成动态水压和恒定水压下灌水器堵塞形式的差异，主要是因为动态水压下由于水流紊动强烈，泥沙不易在迷宫流道中沉积。因此，恒定水压下

灌水器堵塞主要是因为泥沙在流道中沉积，动态水压下灌水器堵塞主要是因为泥沙以外的其他杂质堵塞流道。

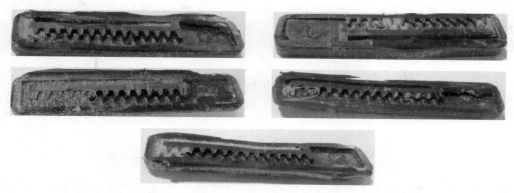

图 3-37　动态水压下所有被堵灌水器迷宫流道（白圈标出了泥沙以外的杂质）

图 3-38 给出了恒定水压及动态水压下灌水器流道和毛管中泥沙的分布情况。从图 3-38 中可以看出，恒定水压下许多泥沙沉积在迷宫流道中和毛管内壁上，然而，动态水压下，虽然毛管内壁上沉积了大量泥沙，但是灌水器流道中却没有泥沙沉积，这从另外一个角度说明了动态水压下迷宫流道中水流紊动效果，进一步证明动态水压可以有效地提高迷宫流道灌水器的抗堵塞性能。

　　　（a）恒定水压　　　　　　　　　　（b）动态水压

图 3-38　恒定水压及动态水压下灌水器流道和毛管中的泥沙分布情况

综上分析，建议小流量微压滴灌系统中可以考虑采用动态水压供水模式提高灌水器抗堵能力。

第 4 章

小流量微压滴灌灌溉质量

灌水均匀度是衡量滴灌系统灌溉质量的一项重要指标，也是滴灌系统设计的一个重要参数（蔡小超等，2005）。在大多数情况下，滴灌系统的灌水均匀度会对滴灌系统的应用效率和作物产量产生重大影响（Solomon，1983，1984；Letey et al.，1984；Letey，1985），有研究表明，灌水不均匀是导致作物减产的一个重要原因（Wu，1987；Bhatnagar et al.，2003）。影响灌水均匀度的因素很多，如灌水器工作压力的变化、灌水器的堵塞状况、灌水器的制造偏差、灌溉水的温度变化以及地面高低起伏的变化等。Kang 等（1995，1996a，1996b，1996c，1996d，1996e，1997，2000）在不同的坡度条件下研究了压力变化对灌水均匀度的影响；Parchomchuk（1976）、Zur 等（1981）和 Rodriguez - Sinobas 等（1999）研究了温度变化对灌水器流量的影响；Bralts 等（1981a，1981b，1985）研究了压力变化、制造偏差及灌水器堵塞等因素对灌水均匀度的影响；Nakayama 等（1979）、Burt（2004）分别从不同的角度探讨了微灌灌水均匀度的计算方法；陈渠昌等（1995）通过对农作物产量与水的关系及灌水均匀度与工程造价之间的关系分析，建立工程投入与产出比函数，并据此优化确定微灌设计灌水均匀度的值；苏德荣（1991）用概率的方法分析了压力变化对出流均匀度的影响，提出用均匀度保证率指标和现行的均匀度指标来共同设计和评价微灌系统。前人的这些研究成果对于滴灌系统的设计和应用无疑起到过重要作用，但是前人的研究主要集中在常规滴灌系统中，对微压滴灌系统涉及甚少。然而在灌水器工作压力小于 5m 的微压条件下，由于水力环境的变化将会对毛管有效铺设长度及系统灌水质量产生重要影响。

为了不以牺牲灌水质量来换取成本的降低，本章通过试验研究了微压条件下毛管进口压力、铺设长度、铺设坡度及管径等因素对灌水均匀度的影响，给出了一些参数的取值范围，并分析了各因素影响灌水均匀度的程度，以期寻求改进和提高微压滴灌系统灌水均匀度的途径和方法，从而为小流量微压滴灌技术开发与应用提供理论依据（张林等，2008）。

4.1 试验设计与方法

试验在国家节水灌溉杨凌工程技术研究中心节水基地进行。试验采用微管式灌水器，灌水器内径 1.2mm，流态指数为 0.685，灌水器间距 40cm，灌水器工作压力为 10m 时的流量为 2L/h。重点研究毛管进口压力、铺设长度、铺设坡度及毛管管径等参数对灌水均匀度的影响，试验按照表 4-1 中的因素和水平来布置，进行全面试验，共安排 400 组试验。

表 4-1   滴灌均匀度试验因素与水平表

水平	因素			
	毛管进口压力/m	毛管长度/m	毛管铺设坡度/‰	毛管管径/mm
1	2	40	−5	16
2	4	60	−2	20
3	6	80	0	25
4	8	100	2	32
5	10	—	5	

试验装置如图 4-1 所示，主要由水源、水箱、压力调节装置和试验材料组成。试验开始时，首先打开加压泵，为系统提供额定工作压力，通过调节流量调节阀和分流阀获得系统需要的设计工作压力，并保持压力稳定，压力通过精度为 0.2 级的精密压力表读取；毛管铺设面由钢丝连接而成，毛管固定在钢丝上，沿着毛管等距离布设 13 个 T 形调节杆支座，作为钢丝铺设面的调坡控制点，通过调节支座高程来控制铺设面坡度，进而调节毛管铺设坡度，并用自动安平水准仪来校核坡度；在每条毛管上的 40m 处、60m 处及 80m 处三个位置分别安装一个控制阀，通过控制阀来调节毛管测试长度；试验时在每条毛管上分别等距选取 8 个灌水器，观测并记录出流量及相应的出流时间，然后用称重法计算流量。

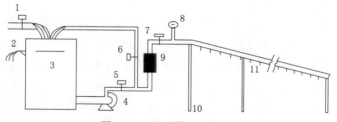

图 4-1   试验装置示意图

1—进水阀；2—溢流口；3—水箱；4—加压泵；5—流量调节阀；6—分流阀；7—压力调节阀；
8—精密压力表；9—过滤器；10—T 形调节杆支座；11—毛管

4.2 灌水均匀度的表示方法

灌水均匀度是指灌溉水在田间各点上分布的均匀程度，对于滴灌系统而言，它是指滴灌系统中各灌水器出流的均匀程度。它是衡量滴灌系统灌溉质量的一项重要指标，也是滴灌系统设计的一个重要参数。为了保证灌水质量和提高灌溉水分利用效率，灌水均匀度必须达到一定的要求。关于滴灌均匀度的表达方式有很多，其中应用比较广泛的有克里斯琴

森均匀系数 C_u、流量偏差率 q_v 和凯勒滴灌均匀度 Eu。

4.2.1　克里斯琴森均匀系数

按照《微灌工程技术规范》（GB/T 50485—2009）中的规定，滴灌系统的灌水均匀度可用克里斯琴森均匀系数 C_u 来表示，计算公式为

$$C_u = 1 - \frac{\overline{\Delta q}}{\bar{q}} \tag{4-1}$$

$$\bar{q} = \frac{1}{n} \sum_{i=1}^{n} q_i \tag{4-2}$$

$$\overline{\Delta q} = \frac{1}{n} \sum_{i=1}^{n} |q_i - \bar{q}| \tag{4-3}$$

式中：C_u 为克里斯琴森均匀系数，％；$\bar{q}$ 为灌水器平均流量，L/h；$\overline{\Delta q}$ 为灌水器平均流量与各灌水器流量之差的绝对值的平均值，L/h；q_i 为每个灌水器的流量，L/h；n 为灌水器个数。

克里斯琴森均匀系数 C_u 是根据每个灌水器流量和平均流量之差的绝对值建立的，是各种灌水方法灌水均匀度的普遍表示方法，可以应用于整个滴灌系统、支管系统或一条独立的毛管。它的优点是物理意义明确、直观，同时也便于对不同灌水方法的灌水质量作比较；遗憾的是它不能用来进行微灌系统的设计，而只能作为微灌系统灌溉质量的后评价指标。

4.2.2　流量偏差率

在我国现行的《微灌工程技术规范》（GB/T 50485—2009）中，对于微灌系统的设计一般采用流量偏差率来控制灌水均匀度。

微灌系统是由多个灌水小区组成，每个灌水小区中有支管、多条毛管，每条毛管上又有几十个甚至上百个滴头或灌水器，由于水流在管道中流动产生水头损失的缘故，每个灌水器的出流量都是不同的。当地形坡度为零时，工作水头最大的是距支管进口最近的第 1 条毛管上的第 1 个灌水器，工作水头最小的为距离支管进口最远的一条毛管上的最末一个灌水器，微灌系统的灌水均匀度是由限制灌水小区中灌水器的最大流量偏差来保证。这个流量的差异，一般用流量偏差率 q_v 来表示，即

$$q_v = \frac{q_{max} - q_{min}}{q_d} \tag{4-4}$$

式中：q_v 为流量偏差率，％；q_{max} 为灌水小区中灌水器最大的流量，L/h；q_{min} 为灌水小区中灌水器最小的流量，L/h；q_d 为灌水器设计流量，L/h。

我国现行的《微灌工程技术规范》（GB/T 50485—2009）规定，微灌系统设计中灌水小区的允许流量偏差率应不大于 20％。

4.2.3　凯勒滴灌均匀度

美国学者凯勒（Keller）与卡迈里（Karmeli）于 1974 年提出了表征灌水均匀度的计

算式，被称为凯勒均匀度 Eu。凯勒均匀度的定义可表述为：占田间（或灌水小区）实测灌水器流量数据 25％的低流量数据的平均值与田间（或灌水小区）所有实测的灌水器流量平均值的比值，用公式可表示为

$$Eu = \frac{q'_{25\%}}{q'_a} \times 100\%$$ （4-5）

式中：$q'_{25\%}$ 为占田间实测流量数据 25％的低流量数据的平均值，L/h；q'_a 为田间所有实测的灌水器流量平均值，L/h。

与克里斯琴森均匀系数相似，式（4-5）只能用于微灌系统灌水质量的后评价，而不能作为微灌工程的设计指标。为了满足微灌工程设计的需要，Keller 等对定义式（4-5）又进行了推导和变形。

在给定压力下，灌水器的流量基本符合钟形正态分布，因此在最小压力灌水器处，因制造偏差而造成样本在相同水头下的出流量不同，其 25％低流量的平均值约等于

$$q_{25\%} = \left(1.0 - 1.27 \frac{V}{\sqrt{e}}\right) q_n$$ （4-6）

式中：$q_{25\%}$ 为因制造偏差造成灌水器样本在同一水头下出流量不同，其中位于低流量端 25％灌水器的流量平均值，L/h；V 为灌水器制造偏差系数；e 为每株作物灌水器数；q_n 为根据最小压力计算的最小灌水器流量，L/h。

因此定义式（4-5）又可写成：

$$Eu = \left(1.0 - 1.27 \frac{V}{\sqrt{e}}\right) \frac{q_n}{q_a} \times 100\%$$ （4-7）

式中：Eu 为设计的滴灌均匀度；q_a 为平均或设计的灌水器流量，L/h。

凯勒滴灌均匀度 Eu 值表示了滴灌系统的压力变化和灌水器制造偏差两因素对灌水均匀性的影响。式（4-7）是以最小灌水器流量与平均灌水器流量之比作为基础的，用这种方法处理小于平均值的灌水器流量比那些大于平均值的灌水器流量更为重要，同时处理最小灌水器流量比那些接近平均值的较小的灌水器流量更为重要。因为在滴灌中，趋势是减小对作物的灌水量，而且只灌溉作物根系活动层土壤的一部分，所以在这种情况下，灌水不足比灌水过多似乎更为担心。美国农业部水土保持局仍推荐使用凯勒滴灌均匀度进行微灌系统的设计，但是也有一些学者对用凯勒均匀度进行微灌系统设计提出了质疑（张国祥，2008），认为：①25％的下限流量取值缺乏科学依据，具有随意性。②凯勒均匀度的定义式（4-5）与式（4-7）在概念上并不统一，定义式中计算的 Eu 值，是由实测数据计算，已包含所有偏差影响的实际结果；而计算式中的结果仅包含水力与灌水器（或系统）制造两项偏差影响。

4.3　各因素对灌水均匀度的影响

在以下的试验分析中，每次只对一个参数进行调整，并根据克里斯琴森公式对数据进行处理，从而分别得到各参数对灌水均匀度的影响曲线。

4.3.1　毛管进口压力对灌水均匀度的影响

压力是滴灌系统的关键控制因素。在微压条件下，由于水力环境的变化，压力水头对

灌水均匀度的影响并非是常规滴灌系统中的"工作水头愈高，系统的灌水均匀度愈高"这种关系。图 4 - 2 给出了毛管铺设坡度 i 为 0，铺设长度 L 为 80m，毛管管径 d 为 16mm、20mm、25mm、32mm 四种管径下的毛管进口压力变化对灌水均匀度的影响大小。从图 4 - 2 中可以看出：管径为 16mm、20mm 的毛管其灌水均匀度随压力变化（2～10m）而波动的范围都不超过 8%，管径为 25mm、32mm 的毛管其灌水均匀度随压力变化（2～10m）而波动的范围都不超过 4%，说明在微压条件下压力水头的变化对灌水均匀度的影响并不明显。这是因为试验中没有更换灌水器，灌水器的实际流量是随着毛管进口压力同步降低的，在其他条件一样时，灌水器实际流量的降低会使得毛管中的水头损失减小，

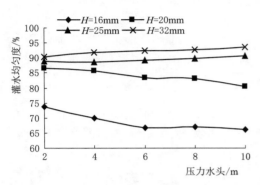

图 4 - 2   灌水均匀度与压力水头的关系

这样就会抵消压力降低对灌溉质量带来的一部分不利影响，最终表现为压力的降低对灌水均匀度的影响不明显。微压条件下，只要同步减小灌水器设计流量，并且管径选择适宜，降低压力并不会对灌水均匀度产生很大影响，这就为微压滴灌的发展提供了一定的科学依据。另外，从图 4 - 2 中还可以明显地看出，对于管径为 25mm 和 32mm 的毛管而言，其灌水均匀度随着压力水头的增大呈稍微增大的趋势；而对于管径为 16mm 和 20mm 的毛管而言，其灌水均匀度随着压力水头的增大呈减小的趋势。

水力偏差率与灌水器工作压力等因素之间的函数关系为

$$h_v = \frac{fSK^m (N+1)^{m+1}}{\beta_2 (m+1)} \cdot \frac{h_d^{mx-1}}{d^b} \tag{4-8}$$

式 （4 - 8） 两边同时对 h_d 求导可得

$$h'_v = (mx-1) \frac{fSK^m (N+1)^{m+1}}{\beta_2 (m+1)} \cdot \frac{h_d^{mx-2}}{d^b} \tag{4-9}$$

从式 （4 - 9） 中可以看出，当 $mx-1>0$ 时，$h'_v>0$，即：h_v 为一单调递增函数，h_v 随着 h_d 的增大而增大，随着 h_d 的减小而减小；当 $mx-1<0$ 时，$h'_v<0$，即：h_v 为一单调递减函数，h_v 随着 h_d 的增大而减小，随着 h_d 的减小而增大。由此可见，滴灌系统的灌水均匀度与滴灌系统所采用的灌水器类型也密切相关。本试验采用的是水力性能最差的微管式灌水器，其流量指数 x 为 0.685，m 取 1.75，将其代入 $mx-1$ 中，$mx-1=0.19875>0$，可知 h_v 为一单调递增函数，h_v 随着 h_d 的增大而增大。而影响灌水均匀度的因素可归结为水力偏差、地形偏差及制造偏差等三大因素，在地形坡度为 0 时，则主要是水力偏差和制造偏差影响着灌水均匀度，对于管径为 16mm 和 20mm 的毛管而言，由于管径较小，水力偏差对其灌水均匀度的影响较大，而水力偏差率 h_v 又随着 h_d 的增大而增大，所以其灌水均匀度随着压力水头的增大反而呈减小的趋势；对于管径为 25mm 和 32mm 的毛管而言，由于管径较大，水力偏差对灌水均匀度的影响与管径较小的毛管相比要小一些，因此水力偏差和制造偏差对灌水均匀度的综合影响，并没有使管径为 25mm 和 32mm 毛管的灌水均匀度呈现出随着压力水头的增大而减小的趋势，反而使其灌水均匀度表现为随着压力水头

的增大而略微增大。

4.3.2 毛管管径对灌水均匀度的影响

研究表明，在滴灌系统的造价中，首部工程及施肥过滤设备只占投资的 $15\%\sim25\%$，而干支毛管网的投资却占到 $75\%\sim85\%$。降低滴灌系统的成本，实质上就是降低管网的投资费用及运转费用。若要降低管网投资费用，各级管线就需采用较小的管径，水头损失就会增大，所需水泵的扬程也随之增大，系统的运转费用就将增加；相反，若要降低系统运转费用，各级管线就需采用较大的管径，则管网的投资费用将会升高（郑纯辉等，2005）。同时在微压条件下，由于系统和灌水器的工作压力较低，水头损失对灌水均匀度影响较大，采用较小的管径可能影响滴灌系统的灌水质量。因此研究微压条件下管径与灌水均匀度的关系，从水力角度和经济角度确定合适的管径对降低系统成本和提高灌水质量至关重要。图 4-3 给出了毛管铺设坡度 i 为 0，毛管铺设长度 L 为 80m，微压范围内 H 为 2m、4m 两种压力下的毛管管径对灌水均匀度的影响曲线。从图 4-3 中可以看出：同一压力下灌水均匀度随着管径的增大而增大，当管径增大到一定程度后，灌水均匀度随管径增大的幅度减缓。当管径在 $16\sim20$mm 变化时，管径对灌水均匀度的影响比较明显，管径增大了 4mm，在压力为 2m 和 4m 时灌水均匀度分别增大了 12.67%、14.98%；而当管径在 $20\sim32$mm 变化时，尽管管径增大了 12mm，而灌水均匀度却分别只增大了 3.83%、7.02%。因此，在微压滴灌系统中，毛管管径的选择必须适

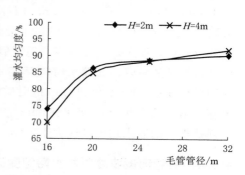

图 4-3　灌水均匀度与毛管管径的关系

宜，如果管径选择过大，不仅灌水均匀度增加有限，反而会造成经济上的不合理。微压滴灌系统中毛管的适宜管径可以采用本书第 2 章中的方法来确定，即：在微压滴灌系统中，当工作压力降低为原来的 $\frac{1}{n}$ $(n>1)$ 时，要想保证系统的灌溉质量及毛管的极限铺设长度不降低，那么只需将灌水器流量减小为原来的 $\left(\frac{1}{n}\right)^x$，管径增大到原来的 $n^{\frac{1-1.75x}{4.75}}$ 即可。结合图 4-3，从系统灌溉质量和经济角度出发，在本试验特定条件下，微压滴灌时毛管管径选择 20cm 左右的较为适宜。同样，也可以采用前文提出的毛管适宜管径的确定方法来确定本试验特定条件下的适宜的毛管管径。从图 4-2 可以看出，在工作压力为 10m（即常规压力）、毛管铺设长度为 80m 时，管径为 16mm 的毛管其灌水均匀度为 66.19%，管径为 20mm 的毛管其灌水均匀度为 80.52%，而管径为 25mm 和 32mm 的毛管其灌水均匀度均在 90% 左右。在设计时，若选择 16mm 的管径，虽然成本较小，但是其灌水均匀度达不到规范的要求；而若选择 25mm 和 32mm 的毛管，尽管其灌溉质量很高，但是由于其管径较大，所以其成本也会较高，因此，在常规工作压力下选择 20mm 的毛管比较合适。另外，根据前文提出的毛管适宜管径的确定方法，在工作压力为 4m（即采用微压滴灌）时，也就是工作压力从 10m 降低到 4m 时，n 为 2.5，4m 时适宜的毛管管径为：$2.5^{\frac{1-1.75x}{4.75}} \times$

20＝19.25mm，这验证了从试验中得出的结论：在本试验特定条件下，微压滴灌时毛管管径选择 20cm 左右的较为适宜。同时，也说明了在降低工作压力的同时，通过同步降低灌水器设计流量和适当增大管径来保证系统灌溉质量的这一思路具有可行性。同步降低灌水器设计流量，不仅能使滴灌系统的管径增大幅度减小，甚至在某些情况下（与流态指数有关，即与灌水器类型的选择有关），还能使滴灌系统的管径较常规系统的不增大或略微减小。

4.3.3 毛管铺设长度对灌水均匀度的影响

滴灌毛管是多孔出流管，压力和流量是沿程变化的，毛管铺设长度直接影响了沿程水头损失，对灌水均匀度产生了重要影响，在微压条件下，工作水头较低，毛管沿程水头损失对灌水均匀度影响更大，因此研究毛管铺设长度和灌水均匀度的关系，确定合理的毛管铺设长度尤为重要。图 4-4 给出了毛管铺设坡度 i 为 0，压力水头 H 为 4m，毛管管径 d 为 16mm、20mm、25mm、32mm 四种管径下的毛管铺设长度对灌水均匀度的影响曲线。从图 4-4 中可以看出：同一管径下灌水均匀度随着毛管铺设长度的增大呈降低趋势，毛管铺设越短，灌水均匀度越高。毛管管径越小，灌水均匀度随毛管长度变化的幅度越大，但各种管径的毛管，其灌水均匀度在一定管长范围内变化并不明显，管径为 16mm 的毛管在铺设长度从 40m 变化到 60m 的时候灌水均匀度变化了 6.54％，而其余三种管径较大的毛管在铺设长度从 40m 变化到 80m 的时候其灌水均匀度变化幅度还不到 6％，并且均能满足规范规定的灌水均匀度应大于 80％的要求。

4.3.4 毛管铺设坡度对灌水均匀度的影响

目前，现行滴灌系统灌水器的设计水头取值均为 10m，这虽然扩大了滴灌技术对地形的适应性，但却忽略了大面积的滴灌系统都是建立在平原地区和温室大棚中，这些地区地形相对平坦，田面高差起伏较小，从而浪费了滴灌技术的这种地形适应能力，使得设计压力在一定程度上变成了一种闲置的能量，造成了能量的无效浪费，基于此，一些学者提出了微压滴灌新技术（范兴科等，2006；Letey et al.，1984）。然而降低灌水器的工作压力，消除滴灌系统适应地形的这种闲置能量，会不会对灌水质量产生重大影响及微压滴灌适应多大的地形坡度等问题都有待进一步研究。图 4-5 给出了压力水头 H 为 4m，毛管铺设长度 L 为 80m，毛管管径 d 为 16mm、20mm、25mm、32mm 四种管径下的毛管铺设坡度对灌水均匀度的影响曲线。从图 4-5 中可以看出：逆坡（$i < 0$）情况下，灌水均匀度随着坡度的增大而减小，这是因为逆坡条件下，地形坡度和毛管摩阻损失对灌水器工作压力的影响是一致的，随着坡度的增加，每个灌水器的实际工作水头偏离设计水头值更大，从而造成灌水均匀度随坡度的增大而减小；顺坡（$i > 0$）情况下，当 i 在 0～2‰范围内变化时，灌水均匀度随着坡度的增大而增大，并在 2‰的坡度时灌水均匀度达到峰值，当 i 超过 2‰时，灌水均匀度随着坡度的增大而减小，这是因为顺坡条件下，地形坡度对毛管摩阻损失具有补偿作用，使得灌水器实际工作水头偏离设计水头的幅度随着坡度的增大而逐步减小，灌水均匀度随着坡度的增大而增大，但是当坡度超过一定值后，地形坡度对灌水器工作压力偏差的影响将超过毛管摩阻损失的影响，成为主导因素，使得灌水器实际工作水头偏离设计水头的幅度随着坡度的增大而逐步增大，灌水均匀度呈现出随坡度增大而减小的趋势。正因为毛管摩阻损失与地形坡度的交互作用，在微压条件下，只要管径、管长选择适宜，在 $0 \sim 4‰$ 坡度范围内，系统是可以获得较高的灌水均匀度的。

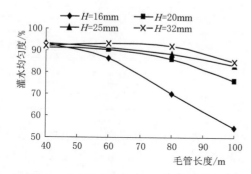

图 4-4　灌水均匀度与毛管长度的关系　　　图 4-5　灌水均匀度与毛管铺设坡度的关系

4.4　各因素对灌水均匀度的影响程度分析

利用 SPSS 统计分析软件对 400 组试验数据进行了处理，结果详见表 4-2～表 4-5。

表 4-2　　　　　　　毛管进口压力对灌水均匀度影响的方差分析

偏差来源	偏差平方和	自由度	均方差	F 值	P 值	Eta 平方值
毛管进口压力	44.964	4	11.241	0.227	0.923	0.002
误差	19102.524	385	49.617			

注　$\alpha = 0.05$，下表同。

表 4-3　　　　　微压条件下各因素对灌水均匀度影响的方差分析

偏差来源	偏差平方和	自由度	均方差	F 值	P 值	Eta 平方值
毛管铺设坡度	762.766	4	190.691	3.728	0.006	0.092
毛管长度	8037.58	3	2679.2	52.376	0.000	0.515
毛管管径	5118.68	3	1706.23	33.355	0.000	0.403
毛管进口压力	31.135	1	31.135	0.609	0.437	0.004
误差	7570.64	148	51.153			

表 4-4　　　　$H = 10\text{m}$ 时毛管铺设坡度对灌水均匀度影响的方差分析

偏差来源	偏差平方和	自由度	均方差	F 值	P 值	Eta 平方值
毛管铺设坡度	184.359	4	46.09	0.799	0.530	0.044
误差	3980.76	69	57.692			

表 4 - 5 微压情况不同坡度条件下灌水均匀度均值的多重比较（S-N-K 法）

因　素	水　平	C_u 平均值	差异的显著性 5%
毛管铺设坡度	−5‰	80.543	a
	−2‰	84.566	b
	0	85.513	b
	2‰	86.069	b
	5‰	86.701	b

　　表 4 - 2 给出了 H 为 2m、4m、6m、8m、10m 五种不同毛管进口压力下的灌水均匀度方差分析的结果，从中可以看出，在 95% 的置信度下，当其他条件不变时，毛管进口压力对灌水均匀度的影响不显著。这是因为试验中没有更换灌水器，灌水器的实际流量是随着毛管进口压力同步降低的，在其他条件一样时，灌水器实际流量的降低会使得毛管中的水头损失减小，这样就会抵消压力降低对灌溉质量带来的一部分不利影响，最终表现为压力的降低对灌水均匀度的影响不显著。表 4 - 3 中的方差分析表明，在 95% 的置信度及微压条件下，毛管管径、毛管长度及毛管铺设坡度对灌水均匀度的影响均呈显著水平，其中毛管长度的影响最大，毛管管径的影响次之，毛管铺设坡度的影响最小。另外，表 4 - 3 中毛管铺设坡度对应的 F 值要比毛管长度及管径对应的 F 值小得多，说明在一定的坡度范围内，毛管铺设坡度对灌水均匀度的影响远小于毛管管径及毛管长度的影响。因此，在微压条件下，当灌水器设计流量也减小时，影响灌水均匀度的主要因素则为毛管长度及毛管管径。微压滴灌系统中，在采用较低的灌水器设计工作压力的同时，如果也降低灌水器设计流量，那么可以不需增大管径或略微增大管径就能保证系统的灌水均匀度；但是微压滴灌系统中，如果仍要保证灌水器流量不变，在这种情况下，要保证灌水质量，必然会造成毛管有效铺设长度变短，支管数量增多，系统成本增加，由于毛管管径对灌水均匀度有显著的影响，且灌水均匀度随毛管管径的增大而提高，因此这种情况下，可以通过适当增大毛管管径来实现既保证毛管有效铺设长度又保证灌水质量的双重目标。从表 4 - 4 中还可以清晰地看出，当毛管进口压力为 10m 时，毛管铺设坡度对灌水均匀度的影响不显著，说明在常规滴灌系统中地形坡度对灌水均匀度的影响很小，有时甚至可以忽略，然而在微压条件下，由于系统压力的降低，消除了系统适应地形的闲置能量，造成微压滴灌系统对地形的适应能力降低，使得地形坡度对灌水均匀度的影响呈显著水平，同时从表 4 - 5 中的多重比较可以看出，当其他条件一致时，在 95% 的置信度下，坡度从 −2‰ 变化到 5‰ 时，坡度变化对灌水均匀度的影响不显著，但是坡度从 −5‰ 变化到 −2‰、0、2‰、5‰ 四组坡度时，坡度变化对灌水均匀度有显著的影响，因此在微压滴灌系统中必须明确地形坡度范围。未来的微压滴灌系统可能只适用于地形相对平坦、田面高差起伏较小的平原地区或温室大棚中，而对于山地地形可能不太适用。

4.5 提高微压滴灌质量的途径及方法

4.5.1 改善毛管水力学环境

从上述分析可以发现,毛管长度及毛管管径对微压滴灌灌水均匀度的影响显著,长度及管径的轻微变化会对灌水均匀度产生较大影响,减小毛管有效铺设长度或增大管径都能显著地提高灌水均匀度,但是毛管有效铺设长度决定了系统管网的布局。一般情况下,毛管铺设长度越大,系统的各种成本费用越低,减小毛管有效铺设长度势必会增多支管数量,增加系统投资,因此可以通过适当增大毛管管径来提高微压滴灌系统的灌水均匀度。适当增大毛管管径可以显著地减小毛管输水过程中的水头损失,平衡毛管首末两端的压力水头偏差,从而减小灌水器流量偏差,提高灌水均匀度。在微压滴灌系统中,适当增大毛管管径并不意味着系统投资成本的增加,因为微压条件下,随着系统工作压力的降低,各级管道要求的承压能力减小,采用较小的壁厚就能满足承压要求,这在一定程度上可以节省原材料,降低系统投资。但是为了保证管道的安全性及受现有工艺水平的限制,管道壁厚减小的空间还是有限的,并不能达到理论壁厚的水平,因此在微压条件下,由于壁厚减小的幅度有限,如果单纯地通过增大管径来保证系统的灌水质量,就有可能使管径过大,从而影响微压滴灌系统的廉价性。在增大管径的同时,如果灌水器再采用较小的设计流量,那么只需有限地增加管径就能保证系统的灌水质量。也就是说,可以通过同步降低滴灌系统的工作压力、适当增大管径、适当减小灌水器的设计流量及管道壁厚等四种技术途径来实现既降低滴灌系统成本又保证滴灌系统灌溉质量的双重目标。

4.5.2 对地形适当分区

微压条件下,毛管铺设坡度对灌水均匀度的影响较为显著,但远小于毛管管径及长度的影响;但是,如果能把地形控制在一定的坡度范围内,当其他条件一样时,坡度变化并不会对灌水均匀度产生明显的影响,因此可以通过限制微压滴灌系统灌水小区内的高差范围来减小地形偏差对灌水均匀度的影响。对拟实施滴灌的地块,根据地形高差适当分区处理,使得每一个灌水小区都相对比较平整,从而减小地形偏差的影响,保证灌水质量。

第 5 章

小流量微压滴灌小区水力设计

　　流量偏差率是描述滴灌系统灌溉质量的重要指标之一，也是滴灌工程设计的主要参数之一。滴灌灌水小区水力设计就是通过限定系统流量偏差率实现的，因此准确计算滴灌系统流量偏差率对于滴灌工程设计及灌溉质量评价都具有十分重要的意义。影响流量偏差率的因素很多，如灌水器工作压力的变化、灌水器的堵塞状况、灌水器的制造偏差、灌溉水的温度变化以及地面高低起伏的变化等。目前，国内的一些学者已在流量偏差率的计算方面进行了大量研究，并取得一系列成果，如康跃虎（1999）利用有限元法、毛管流量公式和黄金分割法研究出了满足平均灌水器流量和灌水均匀度的微灌系统的水力学设计方法，郑耀泉等（1991）用计算机模拟了灌水器制造偏差并由此开发出滴灌系统田间管网的随机设计方法，苏德荣（1991）对微灌系统压力变化对出流均匀度影响进行了概率分析，这些研究成果对于滴灌工程的设计无疑起到过重要作用，但是他们对坡度与流量偏差率之间的相互影响研究较少，影响到上述研究成果的实际应用效果。然而，在微压滴灌系统中，由于灌水器的设计工作压力比较低，一般小于 5m，所以微压滴灌系统对地形的适应能力与常规滴灌系统相比要小，地形偏差对微压滴灌系统灌溉质量的影响不可再忽略，因此，地形偏差在微压滴灌系统设计时必须加以考虑。张国祥（2006）首次提出了在流量偏差率计算时应同时考虑水力偏差、地形偏差及制造偏差的思想，并在一种极端情况下（即水力因素产生的最大流量、制造因素产生的最大流量、田面局部高差因素产生的最大流量出现在同一灌水器，水力因素产生的最小流量、制造因素产生的最小流量、田面局部高差因素产生的最小流量出现在同一灌水器）建立了考虑三偏差因素的滴灌系统流量总偏差率计算公式。但在实际应用中，这种极端情况出现的概率很小。牛文全等（2004，2005）在分析目前水力偏差率及流量偏差率的计算方法的基础上，推导出了同时考虑三偏差（水力偏差、地形偏差及制造偏差）的微灌系统综合流量偏差率和极限综合流量偏差率的计算方法。朱德兰等（2006）认为两个相互独立的随机因素，单独对结果影响的标准方差与综合影响的标准方差之间的关系是几何平均数关系，并以此为基础回归出综合流量偏差率与灌水均匀度之间的关系；在考虑三偏差对滴灌系统综合流量偏差率的影响后，他们的研究成果使得滴灌工程的实际灌溉质量与设计目标逐渐接近，但在推导过程中的一些假设条件及公式中的一些参数的合理确定还有待进一步研究，从而限制了这些方法在实际中的应用。

　　为此，本章从水力学原理出发，通过理论分析和数学推导，研究了地形坡度、水力偏差与流量偏差率之间的关系，并根据不利组合原则与概率论知识，深入分析了制造偏差对滴灌系统流量偏差率的影响，采用理论分析与试验验证相结合的方法，建立了均匀坡度下滴灌系统流量偏差率 q_v 与制造偏差率 c_v、水力偏差率 h_v 及地形偏差率 z_v 三者之间的函数关系，推导出考虑三偏差的流量偏差率计算公式，并且得出了较为实用而又简便的结论，可直接应用于滴灌工程设计中（张林等，2007，2009）。

5.1 考虑水力和地形偏差的流量偏差率

5.1.1 单条毛管流量偏差率的计算

按照流量偏差率的定义及《微灌工程技术规范》（GB/T 50485—2009）的规定，微灌小区灌溉流量偏差率应按式（5-1）计算：

$$q_v = \frac{q_{max} - q_{min}}{q_d} \qquad (5-1)$$

式中：q_v 为灌水器流量偏差率，%；q_{max}、q_{min} 和 q_d 分别为灌水器最大流量、最小流量及设计流量，L/h。

而灌水器的实际流量计算公式为

$$q = kh^x \qquad (5-2)$$

式中：q 为灌水器的实际流量，L/h；k 为灌水器的流量系数；h 为灌水器工作水头，m；x 为流态指数。

综合考虑式（5-1）和式（5-2），则有

$$q_v = \frac{h_{max}^x - h_{min}^x}{h_d^x} \qquad (5-3)$$

式中：h_{max}、h_{min} 和 h_d 分别为灌水器最大工作水头、最小工作水头及设计工作水头，m。

对于单条毛管，由水力学知识可知，毛管上任一灌水器的工作压力可用函数式（5-4）表示：

$$h_n = h_0 - h_{fn} + il_n \qquad (5-4)$$

式中：h_n 为毛管上第 n 个灌水器的工作压力水头，m；h_0 为毛管进口压力水头，m；h_{fn} 为毛管上第 n 个灌水器与毛管进口之间的水头损失，m；i 为地形坡度，%；l_n 为第 n 个灌水器处的毛管长度，m。其中，$l_n = s_0 + (n-1)s$，s_0 为毛管上第 1 个灌水器与毛管进口之间的距离，m；n 为毛管上灌水器个数；s 为毛管上灌水器间距，m。

由式（5-4）可得

$$\frac{dh_n}{dl} = i - \frac{dh_{fn}}{dl} \qquad (5-5)$$

下面分别对平坡、均匀逆坡和均匀顺坡三种情况下的流量偏差率的计算方法进行讨论。

5.1.1.1 平坡（$i = 0$）

在平坡（$i = 0$）情况下：$\frac{dh_n}{dl} = -\frac{dh_{fn}}{dl} < 0$。故式（5-4）为一单调递减函数，因此毛管进口处的第一个灌水器工作压力最大，可近似为毛管进口水头 h_0，即 $h_{max} = h_0$；毛管末

端的灌水器工作压力最小，可表示为

$$h_{\min}=h_0-h_{\mathrm{f}} \tag{5-6}$$

其中

$$h_{\mathrm{f}}=afFl\frac{Q^m}{d^b} \tag{5-7}$$

式（5-6）和式（5-7）中：h_{f} 为毛管水头损失，m；a 为局部水头损失扩大系数，其值为 1.1~1.2；f 为摩阻系数；l 为毛管长度，m；Q 为毛管入口处的流量，L/h；m 为流量指数；d 为管内径，mm；b 为管道内径指数；F 为多孔系数，按式（5-8）计算：

$$F=\frac{N\left(\dfrac{1}{m+1}+\dfrac{1}{2N}+\dfrac{\sqrt{m-1}}{6N^2}\right)-1+\dfrac{s_0}{s}}{N-1+\dfrac{s_0}{s}} \tag{5-8}$$

式中：N 为毛管上的灌水器总个数。

将式（5-6）及 $h_{\max}=h_0$ 代入式（5-3），可以得到

$$q_{\mathrm{v}}=\frac{h_0^x-(h_0-h_{\mathrm{f}})^x}{h_{\mathrm{d}}^x} \tag{5-9}$$

将 $(h_0-h_{\mathrm{f}})^x$ 用二项式定理展开并舍去二次项以后的各项，则有

$$(h_0-h_{\mathrm{f}})^x=h_0^x-xh_0^{x-1}h_{\mathrm{f}} \tag{5-10}$$

为了保证滴灌系统的灌溉质量，灌水器水头偏差率应不大于 20%，即 $h_{\mathrm{f}}\leqslant20\%h_0$，对式（5-10）进行误差分析：$1\leqslant\dfrac{h_0^x-xh_0^{x-1}h_{\mathrm{f}}}{(h_0-h_{\mathrm{f}})^x}\leqslant1.0062$，说明进行的余项处理完全可行。再将式（5-10）代入式（5-9）中得

$$q_{\mathrm{v}}=\frac{xh_{\mathrm{f}}h_0^{x-1}}{h_{\mathrm{d}}^x} \tag{5-11}$$

5.1.1.2　均匀逆坡（$i<0$）

在逆坡（$i<0$）情况下：$\dfrac{\mathrm{d}h_n}{\mathrm{d}l}=i-\dfrac{\mathrm{d}h_{fn}}{\mathrm{d}l}<0$。故 h_n 为一单调递减函数，因此毛管进口处的第一个灌水器工作压力最大，毛管末端的灌水器工作压力最小，可表示为

$$h_{\min}=h_0-h_{\mathrm{f}}+il \tag{5-12}$$

将式（5-12）及 $h_{\max}=h_0$ 代入式（5-3）中，并按二项式定理展开可得

$$q_{\mathrm{v}}=\frac{x\left(\dfrac{h_{\mathrm{f}}}{l}-i\right)lh_0^{x-1}}{h_{\mathrm{d}}^x} \tag{5-13}$$

5.1.1.3　均匀顺坡（$i>0$）

1. 在整条毛管上 $\dfrac{\mathrm{d}h_{fn}}{\mathrm{d}l}>i$ 或 $h_{fn}>il_n$

该情况下 $\dfrac{\mathrm{d}h_n}{\mathrm{d}l}=i-\dfrac{\mathrm{d}h_{fn}}{\mathrm{d}l}<0$，与 $i<0$ 情况相同，单条毛管的流量偏差计算公式采用式（5-13）。

2. 在整条毛管上 $\dfrac{\mathrm{d}h_{fn}}{\mathrm{d}l}<i$ 或 $h_{fn}<il_n$

该情况下 $\dfrac{\mathrm{d}h_n}{\mathrm{d}l}=i-\dfrac{\mathrm{d}h_{fn}}{\mathrm{d}l}>0$，故 h_n 为一单调递增函数，因此毛管进口处的第一个灌水器工作压力最小，h_{min} 为 h_0；毛管末端的灌水器工作压力最大，可表示为

$$h_{max}=h_0-h_f+il \qquad (5-14)$$

将式（5-14）及 $h_{min}=h_0$ 代入式（5-3）中，并按二项式定理展开可得

$$q_v=\frac{x\left(\dfrac{h_f}{l}-i\right)(-l)h_0^{x-1}}{h_d^x} \qquad (5-15)$$

3. 在整条毛管上存在一灌水器 p，其 $\dfrac{\mathrm{d}h_{fn}}{\mathrm{d}l}\bigg|_{l=s_0+(p-1)s}=i$，且在毛管末端 $h_f>il$

该情况下 $\dfrac{\mathrm{d}h_n}{\mathrm{d}l}\bigg|_{l=s_0+(p-1)s}=i-\dfrac{\mathrm{d}h_{fn}}{\mathrm{d}l}\bigg|_{l=s_0+(p-1)s}=0$，故灌水器 p 的工作压力为极值；由于毛管中水流的流速是不断减小的，毛管水头损失 h_{fn} 的变化率也随之不断减小，所以 $\dfrac{\mathrm{d}h_{fn}}{\mathrm{d}l}$ 为一单调递减函数，又由于灌水器 p 处 $\dfrac{\mathrm{d}h_{fn}}{\mathrm{d}l}\bigg|_{l=s_0+(p-1)s}=i$，所以在灌水器 $(p-1)$ 处 $\dfrac{\mathrm{d}h_{fn}}{\mathrm{d}l}\bigg|_{l=s_0+(p-2)s}>i$，$\dfrac{\mathrm{d}h_n}{\mathrm{d}l}\bigg|_{l=s_0+(p-2)s}=i-\dfrac{\mathrm{d}h_{fn}}{\mathrm{d}l}\bigg|_{l=s_0+(p-2)s}<0$，在灌水器 $(p+1)$ 处 $\dfrac{\mathrm{d}h_{fn}}{\mathrm{d}l}\bigg|_{l=s_0+ps}<i$，$\dfrac{\mathrm{d}h_n}{\mathrm{d}l}\bigg|_{l=s_0+ps}=i-\dfrac{\mathrm{d}h_{fn}}{\mathrm{d}l}\bigg|_{l=s_0+ps}>0$，故灌水器 p 的工作压力最小，而毛管进口处的第一个灌水器工作压力最大，可表示为

$$h_{min}=h_0-h_{fp}+il_p \qquad (5-16)$$

式中：h_{fp} 为工作压力最小的灌水器 p 处的水头损失，m；l_p 为工作压力最小的灌水器 p 距毛管进口的距离，m。

将式（5-16）及 $h_{max}=h_0$ 代入式（5-3）中，并按二项式定理展开可得

$$q_v=\frac{x\left(\dfrac{h_{fp}}{l_p}-i\right)l_p h_0^{x-1}}{h_d^x} \qquad (5-17)$$

由导数定义可知：$\dfrac{\mathrm{d}h_{fn}}{\mathrm{d}l}\bigg|_{l=s_0+(p-1)s}=\lim\limits_{\Delta l\to 0}\dfrac{\Delta h_{fp}}{\Delta l}=\lim\limits_{\Delta l\to 0}\dfrac{af\dfrac{Q_p^m}{d^b}\Delta l}{\Delta l}=af\dfrac{Q_p^m}{d^b}$

式中：Q_p 为工作压力最小的灌水器 p 处的毛管流量，L/h，可近似认为 $Q_p=(N-p)q_d$；Δh_{fp} 为工作压力最小的灌水器 p 处的微小段水头损失，m；Δl 为工作压力最小的灌水器 p 处的微小段毛管长度，m；其他符号意义同上。

又因为 $\dfrac{\mathrm{d}h_{fn}}{\mathrm{d}l}\bigg|_{l=s_0+(p-1)s}=i$，则：$af\dfrac{Q_p^m}{d^b}=i$，即：$af\dfrac{[(N-p)q_d]^m}{d^b}=i$，由此可以确定工作压力最小的灌水器 p 的位置：

$$p=\mathrm{INT}\left[N-\frac{\left(\dfrac{id^b}{af}\right)^{\frac{1}{m}}}{q_d}\right] \qquad (5-18)$$

式中：INT( ) 为将括号内小数舍去成整数。

再将 p 代入式 （5-7） 及 $l_p = s_0 + (p-1)s$ 中求得 h_{fp} 和 l_p 的值，从而求出 q_v 的值。

4. 在整条毛管上存在一灌水器 p，其 $\left. \dfrac{\mathrm{d}h_{fn}}{\mathrm{d}l} \right|_{l=s_0+(p-1)s} = i$，且在毛管末端 $h_f \leqslant il$

该情况下，毛管的最小工作压力出现在灌水器 p 处；而最大的工作压力出现在毛管末端，最大和最小工作压力可分别表示为

$$h_{\max} = h_0 - h_f + il \tag{5-19}$$

$$h_{\min} = h_0 - h_{fp} + il_p \tag{5-20}$$

将式 （5-19） 和式 （5-20） 代入式 （5-3） 中，并按二项式定理展开得

$$q_v = \frac{x\left(\dfrac{h_{fp}-h_f}{l_p-l} - i\right)(l_p-l)h_0^{x-1}}{h_d^x} \tag{5-21}$$

综上所述，可以将上述各种坡度的流量偏差率公式统一为一种形式

$$q_v = \frac{x(J-i)\Delta l h_0^{x-1}}{h_d^x} \tag{5-22}$$

式中：$J = \dfrac{\Delta h_f}{\Delta l}$，$\Delta h_f$ 为毛管上压力最小的灌水器与压力最大的灌水器之间的水头损失，m；Δl 为毛管上压力最小的灌水器与压力最大的灌水器之间的距离，m；h_0，x，i，h_d 其物理意义同前；q_v 为考虑水力偏差和地形坡度的流量偏差率，%。

5.1.2 灌水小区流量偏差率的计算

对于树状布设的毛管，支管进口的压力水头为 H_0，毛管铺设条数为 M，毛管间距为 S，第 1 条毛管入口距支管进口的距离为 S_0，单条毛管上灌水器总个数为 N，灌水器间距为 s，第 1 个灌水器距毛管进口的距离为 s_0，支管内径为 D，毛管内径为 d，灌水器设计流量为 q_d，H_m 为第 m 条毛管进口压力水头。

灌水小区中的任一灌水器的实际工作压力可以表示为

$$h_m(l_n) = H_0 - H_f(L_m) + jL_m - h_f(l_n) + il_n \tag{5-23}$$

式中：$h_m(l_n)$ 为灌水小区中第 m 条毛管上的第 n 个灌水器的工作压力，m；$H_f(L_m)$ 为灌水小区中第 m 条毛管进口距支管进口处的水头损失，m；j 为支管铺设坡度，%；L_m 为第 m 条毛管进口距支管进口处的长度，m；$h_f(l_n)$ 为第 m 条毛管上的第 n 个灌水器距毛管进口处的水头损失，m；i 为毛管铺设坡度，%；l_n 为第 m 条毛管上的第 n 个灌水器距毛管进口处的长度，m。

根据试验资料并参考文献 （Barragan et al.，2005），在灌水小区中，工作压力最大的灌水器在进口水头最大的毛管上，工作压力最小的灌水器在进口水头最小的毛管上。假定灌水小区中第 u 条毛管上的第 v 个灌水器工作压力最大，第 r 条毛管上的第 t 个灌水器工作压力最小，u、v、r、t 的具体值可以参照 5.1.1 节中的方法确定，L_u、L_r、l_v、l_t 可以分别用 $L_m = S_0 + (m-1)S$ 和 $l_n = s_0 + (n-1)s$ 来计算，$H_f(L_u)$、$H_f(L_r)$、$h_f(l_v)$、$h_f(l_t)$ 可以利用式 （5-7） 计算，因此有

$$h_{\max} = H_0 - H_f(L_u) + jL_u - h_f(l_v) + il_v \tag{5-24}$$

$$h_{\min} = H_0 - H_f(L_r) + jL_r - h_f(l_t) + il_t \qquad (5-25)$$

将式（5-24）和式（5-25）代入式（5-3）中，并按二项式定理展开可得

$$q_v = \frac{xH_0^{x-1}\left[\dfrac{H_f(L_r)-H_f(L_u)+h_f(l_t)-h_f(l_v)}{l_t-l_v}-\left(j\dfrac{L_r-L_u}{l_t-l_v}+i\right)(l_t-l_v)\right]}{h_d^x} \qquad (5-26)$$

式（5-26）最终也可以写成类似于式（5-22）的形式，即

$$q_v = \frac{x(J'-i')\Delta l H_0^{x-1}}{h_d^x} \qquad (5-27)$$

式中：q_v 为考虑水力偏差和地形坡度的灌水小区流量偏差率，%；J' 为综合考虑了支管与毛管的水头损失，$J' = \dfrac{\Delta H_f + \Delta h_f}{\Delta l}$，$\Delta h_f$ 为灌水小区中工作压力最小的灌水器与工作压力最大的灌水器的毛管水头损失之差，m，ΔH_f 为支管上压力最小的毛管进口与压力最大的毛管进口之间的水头损失，m，Δl 为灌水小区中工作压力最小的灌水器与工作压力最大的灌水器的毛管长度之差，m；i' 为综合考虑了支管铺设坡度与毛管铺设坡度，$i' = i + j\dfrac{\Delta L}{\Delta l}$，$i$ 为毛管铺设坡度，j 为支管铺设坡度，ΔL 为支管上压力最小的毛管进口与压力最大的毛管进口之间的距离，m；H_0、x、h_d 其物理意义同前。

在灌水小区中，当毛管顺坡布设，支管垂直于毛管沿等高线布设时，$j=0$，$i'=i$，式（5-27）可以写成：

$$q_v = \frac{x\left(\dfrac{\Delta H_f + \Delta h_f}{\Delta l}-i\right)\Delta l H_0^{x-1}}{h_d^x} \qquad (5-28)$$

当支管顺坡布设，毛管垂直于支管沿等高线布设时；$i=0$，$i'=j\dfrac{L}{l}$，式（5-27）可以写成：

$$q_v = \frac{x\left(\dfrac{\Delta H_f + \Delta h_f}{\Delta L}-j\right)\Delta L H_0^{x-1}}{h_d^x} \qquad (5-29)$$

式（5-27）说明水力偏差和地形坡度对流量偏差的影响不是相互独立的，而具有一定的相关关系，可以利用地形坡度与水力偏差的这种关系来减小流量偏差，提高滴灌系统的灌水均匀度。

5.1.3 灌水小区流量偏差率计算公式简化与进一步推理

将 $J' = \dfrac{\Delta H_f + \Delta h_f}{\Delta l}$ 及 $i' = i + j\dfrac{\Delta L}{\Delta l}$ 代入式（5-27）得

$$q_v = x\left[\frac{\Delta H_f + \Delta h_f}{h_d}-\frac{i\Delta l + j\Delta L}{h_d}\right]\left(\frac{H_0}{h_d}\right)^{x-1} \qquad (5-30)$$

当灌水小区中支管沿等高线布置（$j=0$），毛管垂直于支管顺坡布置时，分以下几种情况来讨论。

5.1.3.1 毛管铺设坡度为平坡、均匀逆坡

在平坡（$i=0$）及均匀逆坡（$i<0$）情况下，灌水小区中工作压力最大的灌水器出现

在支管上第一条毛管的首端（支管中最上游的毛管为第一条毛管），工作压力最小的灌水器位于支管上最后一条毛管的末端，因此，对于式（5-30）中的 $\Delta H_f + \Delta h_f$ 就应为灌水小区中整个支管上的水头损失 H_f 与支管上最后一条毛管上的水头损失 h_f 之和，记为 Δh；$i\Delta l + j\Delta L$ 应为灌水小区的田面高差，记为 Δz，则式（5-30）变为

$$q_v = x\left(\frac{\Delta h}{h_d} - \frac{\Delta z}{h_d}\right)\left(\frac{H_0}{h_d}\right)^{x-1} \tag{5-31}$$

在不考虑地形坡度情况下水力偏差率 $h_v = \frac{\Delta h}{h_d}$，另外，定义地形偏差率 $z_v = \frac{\Delta z}{h_d}$，则式（5-31）可转化为

$$q_v = x(h_v - z_v)\left(\frac{H_0}{h_d}\right)^{x-1} \tag{5-32}$$

5.1.3.2　毛管铺设坡度为均匀顺坡

1. 在整条毛管上 $\dfrac{\mathrm{d}h_{fn}}{\mathrm{d}l} > i$ 或 $h_{fn} > il_n$

此种情况的结果同式（5-32）。

2. 在整条毛管上 $\dfrac{\mathrm{d}h_{fn}}{\mathrm{d}l} < i$ 或 $h_{fn} < il_n$

根据文献（张林等，2007）的研究成果，在灌水小区中，工作压力最大的灌水器在进口水头最大的毛管上，工作压力最小的灌水器在进口水头最小的毛管上，因此，在此类坡度情况下，灌水小区中工作压力最大的灌水器出现在支管上第一条毛管的末端，工作压力最小的灌水器位于支管上最后一条毛管的首端，所以对于式（5-30）中的 $\Delta H_f + \Delta h_f$ 应为 $\Delta h - 2h_f$，$i\Delta l + j\Delta L$ 为 $-\Delta z$，将其代入式（5-30）中得

$$q_v = x\left(\frac{\Delta h - 2h_f}{h_d} - \frac{-\Delta z}{h_d}\right)\left(\frac{H_0}{h_d}\right)^{x-1} = x\left(h_v + z_v - \frac{2h_f}{h_d}\right)\left(\frac{H_0}{h_d}\right)^{x-1} \tag{5-33}$$

3. 在整条毛管上存在一灌水器 p，其 $\dfrac{\mathrm{d}h_{fn}}{\mathrm{d}l}\bigg|_{l=s_0+(p-1)s} = i$，且在毛管末端 $h_f > il$

此种情况下，灌水小区中工作压力最大的灌水器出现在支管上第一条毛管的首端，工作压力最小的灌水器为支管末端最后一条毛管上的第 p 个灌水器，因此，$\Delta H_f + \Delta h_f$ 就应为 $H_f + h'_f$，$i\Delta l + j\Delta L$ 为 $\Delta z'$，即为毛管上第 p 个灌水器与毛管进口之间的高差。

h'_f 为毛管上第 p 个灌水器与毛管进口之间的水头损失，即为

$$h'_f = h_f - h_{f_{pN}} \tag{5-34}$$

式中：$h_{f_{pN}}$ 为毛管上第 p 个灌水器与末端第 N 个灌水器之间的水头损失，m。

$$h_f = aFfl\frac{Q^m}{d^b} = aFf[(N-1)s + s_0]\frac{(Nq_d)^m}{d^b} \tag{5-35}$$

当 $s_0 = s$ 时，式（5-35）可以简化为

$$h_f = aFfl\frac{Q^m}{d^b} = aFfsN^{m+1}\frac{q_d^m}{d^b} \tag{5-36}$$

式中：a 为局部水头损失扩大系数，其值为 $1.1 \sim 1.2$；F 为多孔系数；f 为摩阻系数；N 为毛管上的灌水器总个数；s 为毛管上灌水器间距，m；s_0 为毛管上第 1 个灌水器与毛管进口之

间的距离，m；q_d 为灌水器的设计流量，L/h；m 为流量指数；d 为毛管内径，mm；b 为管道内径指数。

同理

$$h_{f_{pN}} = aF'fs(N-p)^{m+1}\frac{q_d^m}{d^b} \tag{5-37}$$

式中：F' 为计算毛管上第 p 个灌水器与末端第 N 个灌水器之间水头损失时的多孔系数。式中的 p 值可以按式（5-18）计算。

将式（5-36）和式（5-37）代入式（5-34）得

$$h'_f = afs\frac{q_d^m}{d^b}[FN^{m+1} - F'(N-p)^{m+1}] \tag{5-38}$$

由式（5-36）与式（5-38）得

$$\frac{h'_f}{h_f} = 1 - \frac{F'}{F}\left(1-\frac{p}{N}\right)^{m+1} \tag{5-39}$$

因此

$$h'_f = \left[1 - \frac{F'}{F}\left(1-\frac{p}{N}\right)^{m+1}\right]h_f \tag{5-40}$$

将式（5-40）代入 $\Delta H_f + \Delta h_f = H_f + h'_f$ 中得

$$\Delta H_f + \Delta h_f = H_f + h_f - \frac{F'}{F}\left(1-\frac{p}{N}\right)^{m+1}h_f = \Delta h - \frac{F'}{F}\left(1-\frac{p}{N}\right)^{m+1}h_f \tag{5-41}$$

$\Delta z'$ 为毛管上第 p 个灌水器与毛管进口之间的高差，即为

$$\Delta z' = i(p-1)s + s_0 = ips \tag{5-42}$$

$$\Delta z = i(N-1)s + s_0 = iNs \tag{5-43}$$

联立式（5-42）、式（5-43）得

$$\Delta z' = \frac{p}{N}\Delta z \tag{5-44}$$

将式（5-44）代入 $i\Delta l + j\Delta L = \Delta z'$ 中得

$$i\Delta l + j\Delta L = \frac{p}{N}\Delta z \tag{5-45}$$

将式（5-41）和式（5-45）代入式（5-30）中得

$$q_v = x\left[h_v - \frac{p}{N}z_v - \frac{F'}{F}\left(1-\frac{p}{N}\right)^{m+1}\frac{h_f}{h_d}\right]\left(\frac{H_0}{h_d}\right)^{x-1}$$

令：$\beta = \dfrac{p}{N}$，$\gamma = \dfrac{F'}{F}\left(1-\dfrac{p}{N}\right)^{m+1} = \dfrac{F'}{F}(1-\beta)^{m+1}$，则式（5-45）可变为

$$q_v = x\left(h_v - \beta z_v - \gamma\frac{h_f}{h_d}\right)\left(\frac{H_0}{h_d}\right)^{x-1} \tag{5-46}$$

4. 在整条毛管上存在一灌水器 p，其 $\dfrac{dh_{f_n}}{dl}\bigg|_{l=s_0+(p-1)s} = i$，且在毛管末端 $h_f \leqslant il$

此类坡度情况下，灌水小区中工作压力最大的灌水器出现在支管上第一条毛管的末端，工作压力最小的灌水器为支管末端最后一条毛管上的第 p 个灌水器，因此，$\Delta H_f + \Delta h_f$ 就应为 $H_f + h'_f - h_f$，$i\Delta l + j\Delta L$ 为 $\Delta z' - \Delta z$，则有

$$\Delta H_{\mathrm{f}} + \Delta h_{\mathrm{f}} = H_{\mathrm{f}} + h'_{\mathrm{f}} - h_{\mathrm{f}} = \Delta h - (1 + \gamma) h_{\mathrm{f}} \tag{5-47}$$

$$i \Delta l + j \Delta L = \Delta z' - \Delta z = (\beta - 1) \Delta z \tag{5-48}$$

将式（5-47）和式（5-48）代入式（5-30）中，得

$$q_{\mathrm{v}} = x \left[h_{\mathrm{v}} - (\beta - 1) z_{\mathrm{v}} - (1 + \gamma) \frac{h_{\mathrm{f}}}{h_{\mathrm{d}}} \right] \left(\frac{H_0}{h_{\mathrm{d}}} \right)^{x-1} \tag{5-49}$$

综上所述，可以将上述各种类型坡度下的流量偏差率公式统一为一种形式：

$$q_{\mathrm{v}} = x \left(h_{\mathrm{v}} - A z_{\mathrm{v}} - B \frac{h_{\mathrm{f}}}{h_{\mathrm{d}}} \right) \left(\frac{H_0}{h_{\mathrm{d}}} \right)^{x-1} \tag{5-50}$$

式中：q_{v} 为考虑水力偏差及地形偏差的滴灌系统流量偏差率；系数 A 和 B 的取值因坡度类型的不同而异，具体取值情况如下：

（1）毛管铺设坡度为平坡（$i=0$）、均匀逆坡（$i<0$）：$A=1$，$B=0$。

（2）毛管铺设坡度为均匀顺坡（$i>0$）：

1）当 $r<1$（r 为降比，具体计算可参照《微灌工程技术规范》）时：$A=1$，$B=0$。

2）当 $r>1$ 且 $p=1$ 时：$A=-1$，$B=2$。

3）当 $r>1$ 且 $h_{\mathrm{f}}>il$ 时：$A=\dfrac{p}{N}$，$B=\dfrac{F'}{F}\left(1-\dfrac{p}{N}\right)^{m+1}$。

4）当 $r>1$ 且 $h_{\mathrm{f}} \leqslant il$ 时：$A=\dfrac{p}{N}-1$，$B=1+\dfrac{F'}{F}\left(1-\dfrac{p}{N}\right)^{m+1}$。

对于支管顺坡布置、毛管垂直于支管沿等高线布置（$i=0$）的灌水小区，其流量偏差计算公式只需将公式中的 $\dfrac{h_{\mathrm{f}}}{h_{\mathrm{d}}}$ 换为 $\dfrac{H_{\mathrm{f}}}{h_{\mathrm{d}}}$ 即可。

5.2　考虑水力、地形及制造偏差的流量偏差率

5.2.1　灌水器的制造偏差

在灌水器制造过程中，要制造出任何两个完全相同的灌水器是不可能的。由于各种偶然因素造成同一批灌水器的尺寸大小、结构形状不完全相同，这种现象可以称之为制造偏差。灌水器的制造偏差可以用灌水器的制造偏差率 c_{v} 来反映，制造偏差率 c_{v} 可表示为（美国国家灌溉工程手册，1998）

$$c_{\mathrm{v}} = \frac{S}{\overline{q}} = \frac{\sqrt{q_1^2 + q_2^2 + \cdots + q_n^2 - n\,(\overline{q})^2}}{\overline{q}\,\sqrt{n-1}} \tag{5-51}$$

式中：c_{v} 为制造偏差率；q_1、q_2、$\cdots$、q_n 为单个灌水器的流量，L/h；n 为样本中的灌水器个数；S 为样本流量的标准差；$\overline{q}$ 为样本灌水器的平均流量，L/h。

5.2.2　综合考虑制造偏差的流量偏差率公式

制造偏差是一个随机变量，在滴灌系统的灌水小区中它是随灌水器随机分布的，它的存在可能会增大某个灌水器的流量，也可能会使某个灌水器的流量减小。根据国外学者的研究成果（Solomon，1979；Bralts et al.，1983；Wu et al.，1983a，1983b，1988；Anyoji et al.，1994），由于滴灌系统具有较高的灌水均匀性，所以实际滴灌系统中灌水器

的流量分布可近似认为呈正态分布。

灌水器的流量可表示为

$$q = kh^x \tag{5-52}$$

式中：q 为灌水器的实际流量，L/h；k 为灌水器的流量系数；h 为灌水器工作水头，m；x 为流态指数。

由于滴灌系统中灌水器的流量可近似认为是呈正态分布的，所以正态的流量分布可以用平均值（样本灌水器的平均流量）和标准差（流量偏差）来体现。如果温度恒定，并且灌水器堵塞等因素不考虑，则流量偏差主要取决于水力偏差、地形偏差和制造偏差，将这三偏差考虑到式（5-52）中，那么滴灌系统中综合考虑制造偏差后的灌水器流量公式（滴灌系统中灌水器的工作压力 h 体现了水力和地形偏差，而制造偏差是通过制造偏差率 c_v 来反映的）可表示为（Gil et al.，2008）

$$q' = kh^x(1 + uc_v) \tag{5-53}$$

式中：q' 为综合考虑三偏差的灌水器的流量，L/h；u 为服从均值为 0、标准差为 1 的正态分布的随机变量。

在滴灌系统中，水力、地形及制造偏差这些因素是独立存在的，它们之间的相互作用使滴灌系综合流量偏差率的计算变得更加复杂。制造偏差与水力、地形偏差共同作用有可能增大也有可能减小滴灌系统的流量偏差，如果将增大灌水器流量的制造偏差分配给滴灌系统中工作压力较大的灌水器，将减小灌水器流量的制造偏差分配给滴灌系统中工作压力较小的灌水器，那么制造偏差将增大滴灌系统的流量偏差率；反之，如果将增大灌水器流量的制造偏差分配给滴灌系统中工作压力较小的灌水器，将减小灌水器流量的制造偏差分配给滴灌系统中工作压力较大的灌水器，那么制造偏差将使滴灌系统中的流量偏差率减小。从保证滴灌系统灌溉质量的角度出发，将第一种情况称为不利组合，将第二种情况称为有利组合，不利组合将是研究的重点，根据不利组合的原则，将使灌水器流量增大的制造偏差分配给滴灌系统中工作压力最大的灌水器，将使灌水器流量减小的制造偏差分配给滴灌系统中工作压力最小的灌水器。

由式（5-53）可得滴灌系统中灌水器的最大流量和最小流量分别为

$$q'_{\max} = kh^x_{\max}(1 + u_1 c_v) \tag{5-54}$$

$$q'_{\min} = kh^x_{\min}(1 + u_2 c_v) \tag{5-55}$$

式中：u_1、u_2 为服从均值为 0、标准差为 1 的正态分布的随机变量 u 中的两个值，且 $u_1 > 0$，$u_2 < 0$。

因 u 是服从均值为 0、标准差为 1 的正态分布，故可令 $u_1 + u_2 = 0$，即 $u_2 = -u_1$。

由式（5-54）和式（5-55），根据流量偏差率的定义，综合考虑水力、地形及制造偏差的流量偏差率 q'_v 可表示为

$$q'_v = \frac{q'_{\max} - q'_{\min}}{q_d} = \frac{kh^x_{\max}(1 + u_1 c_v) - kh^x_{\min}(1 + u_2 c_v)}{q_d} \tag{5-56}$$

将 $u_2 = -u_1$ 代入式（5-56）中整理得

$$q'_v = (1 - u_1 c_v)\frac{h^x_{\max} - h^x_{\min}}{h^x_d} + 2u_1 c_v\left(\frac{h_{\max}}{h_d}\right)^x \tag{5-57}$$

将式（5-3）代入式（5-57）中得

$$q'_v = (1 - u_1 c_v) q_v + 2u_1 c_v \left(\frac{h_{max}}{h_d} \right)^x \tag{5-58}$$

式（5-58）中的 h_{max} 因坡度类型的不同而取值不同，当地形坡度为平坡、均匀逆坡以及均匀顺坡的第 1 种情况（在整条毛管上 $\frac{dh_{fn}}{dl} > i$ 或 $h_{fn} > il_n$）和第 3 种情况（在整条毛管上存在一灌水器 p 其 $\frac{dh_{fn}}{dl} \Big|_{l = s_0 + (p-1)s} = i$，且在毛管末端 $h_f > il$）时，灌水小区中工作压力最大的灌水器出现在支管上第一条毛管的首端，此时，h_{max} 可近似认为：$h_{max} = H_0$，将其代入式（5-58）中可得

$$q'_v = (1 - u_1 c_v) q_v + 2u_1 c_v \left(\frac{H_0}{h_d} \right)^x \tag{5-59}$$

将式（5-50）代入式（5-59）中得

$$q'_v = x(1 - u_1 c_v)\left(h_v - A z_v - B \frac{h_f}{h_d} \right)\left(\frac{H_0}{h_d} \right)^{x-1} + 2u_1 c_v \left(\frac{H_0}{h_d} \right)^x \tag{5-60}$$

当地形坡度为均匀顺坡中的第 2 种情况（在整条毛管上 $\frac{dh_{fn}}{dl} < i$ 或 $h_{fn} < il_n$）和第 4 种情况（在整条毛管上存在一灌水器 p 其 $\frac{dh_{fn}}{dl} \Big|_{l = s_0 + (p-1)s} = i$，且在毛管末端 $h_f \leqslant il$）时，灌水小区中工作压力最大的灌水器出现在支管上第一条毛管的末端，此时，$h_{max} = H_0 - h_f + \Delta z$，将 $h_{max} = H_0 - h_f + \Delta z$ 和式（5-50）代入式（5-58）中整理得

$$q'_v = x(1 - u_1 c_v)\left[h_v - \left(A - \frac{2u_1 c_v}{1 - u_1 c_v} \right) z_v - \left(B + \frac{2u_1 c_v}{1 - u_1 c_v} \right) \frac{h_f}{h_d} \right]\left(\frac{H_0}{h_d} \right)^{x-1} + 2u_1 c_v \left(\frac{H_0}{h_d} \right)^x \tag{5-61}$$

综上，可以将式（5-60）和式（5-61）统一起来用一个公式来表示各种坡度情况下的综合考虑三偏差的流量偏差率：

$$q'_v = x(1 - u_1 c_v)\left(h_v - A' z_v - B' \frac{h_f}{h_d} \right)\left(\frac{H_0}{h_d} \right)^{x-1} + 2u_1 c_v \left(\frac{H_0}{h_d} \right)^x \tag{5-62}$$

式中：系数 A' 和 B' 的取值因坡度类型的不同而各异，具体取值情况如下：

（1）毛管铺设坡度为平坡（$i = 0$）、均匀逆坡（$i < 0$）：$A' = 1$，$B' = 0$。

（2）毛管铺设坡度为均匀顺坡（$i > 0$）：

1）当 $r < 1$（r 为降比，具体计算可参照《微灌工程技术规范》）时，$A' = 1$，$B' = 0$。

2）当 $r > 1$ 且 $p = 1$ 时，$A' = -1 - \frac{2u_1 c_v}{1 - u_1 c_v}$，$B' = 2 + \frac{2u_1 c_v}{1 - u_1 c_v}$。

3）当 $r > 1$ 且 $h_f > il$ 时，$A' = \frac{p}{N}$，$B' = \frac{F'}{F}\left(1 - \frac{p}{N} \right)^{m+1}$。

4）当 $r > 1$ 且 $h_f \leqslant il$ 时，$A' = \frac{p}{N} - \frac{2u_1 c_v}{1 - u_1 c_v} - 1$，$B' = 1 + \frac{2u_1 c_v}{1 - u_1 c_v} + \frac{F'}{F}\left(1 - \frac{p}{N} \right)^{m+1}$。

对于支管顺坡布置、毛管垂直于支管沿等高线布置（$i = 0$）的灌水小区，其流量偏差计算公式只需将公式中的 $\frac{h_f}{h_d}$ 换为 $\frac{H_f}{h_d}$ 即可。

5.2.3 不同保证率下滴灌系统流量偏差率的确定

式（5-62）中包含了一个随机数 u_1。u_1 的取值关系着滴灌系统流量偏差率的保证率。在滴灌系统中，除工作压力最大和最小灌水器外，即使当其他灌水器工作压力和工作压力最大的灌水器一致时，根据正态分布的概念，系统中其他灌水器的流量大于工作压力最大处灌水器流量 $kh_{max}^x(1+u_1c_v)$ 的概率为：$P_1=1-\dfrac{1}{\sqrt{2\pi}}\displaystyle\int_{-\infty}^{u_1}e^{-\frac{x^2}{2}}dx$；另外，即使当其他灌水器工作压力和工作压力最小的灌水器一致时，系统中其他灌水器的流量小于工作压力最小处灌水器流量 $kh_{min}^x(1+u_2c_v)$ 的概率为：$P_2=1-\dfrac{1}{\sqrt{2\pi}}\displaystyle\int_{u_2}^{+\infty}e^{-\frac{x^2}{2}}dx$。这两种情况都可能使滴灌系统实际的流量偏差率大于按照式（5-62）计算得到的数值。由于 $u_2=-u_1$，所以有 $P_1=P_2$，令其为 P，则滴灌系统实际的流量偏差率大于式（5-62）计算值的概率最大为 $2P$，那么在不利组合情况下，滴灌系统中实际的流量偏差率小于式（5-62）计算值的保证概率（下文称为"流量偏差率的保证率"）则为 $1-2P$。由于前面假设的其他灌水器工作压力和工作压力最大、最小的灌水器一致的情况，在实际滴灌系统中是不可能的，所以滴灌系统的流量偏差率大于式（5-62）计算值的概率实际上是小于 $2P$ 的，这样所得出的流量偏差率的保证率 $1-2P$ 显然偏于保守，尽管如此，却能最大限度地保证系统的灌溉质量。

在有利组合情况下，不论 u_1 取何值，滴灌系统的实际流量偏差率均小于式（5-62）的计算值，那么其流量偏差率的保证率为 1。

不利组合与有利组合出现的概率均为 1/2。综合上述两种情况，对于任何一个 u_1 值，滴灌系统流量偏差率的保证率为：$\dfrac{1}{2}+\dfrac{1}{2}(1-2P)=1-P$，由于 $P=1-\dfrac{1}{\sqrt{2\pi}}\displaystyle\int_{-\infty}^{u_1}e^{-\frac{x^2}{2}}dx$，故滴灌系统流量偏差率的保证率为：$\dfrac{1}{\sqrt{2\pi}}\displaystyle\int_{-\infty}^{u_1}e^{-\frac{x^2}{2}}dx$，尽管这个概率偏于保守，但可以最大限度保证系统灌溉质量。图 5-1 给出了滴灌系统流量偏差率的保证率与 u_1 之间的关系，对于给定的流量偏差率的保证率可以从图 5-1 中查出其相应的 u_1 值，再将该值代入式（5-62），就可以计算出综合考虑三偏差的滴灌系统的流量偏差率。

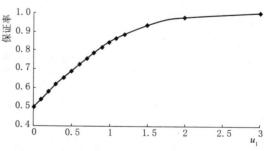

图 5-1 u_1 取值与流量偏差率的保证率之间的关系

5.2.4 公式验证与分析

为了验证式（5-62）的正确性，进行了滴灌灌水均匀度试验，试验在国家节水灌溉杨凌工程技术研究中心的节水示范园进行。试验中选取支管内径 D 为 32mm，毛管内径 d 为 12mm，长度 l 为 60m，灌水器间距 s 为 30cm，灌水器设计流量 q_d 为 2.2L/h，灌水器流量公式为 $q=0.8758h^{0.4}$，灌水器制造偏差率为 2%。试验时，毛管顺坡布置，间距为 0.5m，共布置 5 条毛管；支管垂直于毛管布置；毛管铺设面由钢丝连接而成，沿着毛等距离布设 7 个 T 形调节杆支座，作为钢丝铺设面的调坡控制点，通过调节支座高程来控制铺设面坡度，进而调节毛管铺设坡度。试验开始时，首先打开加压泵，为系统提供额定的工作压力，通过调节流量调节阀和分流阀获得系统需要的工作压力，并保持压力的稳定，压力可以通过精度为 0.2 级的精密压力表读取；观测并记录所有灌水器的出流量及出流时间，然后用称重法计算流量。

经试验测得不同坡度下的灌水器最大和最小流量，并由此可以得出不同坡度下的滴灌系统实测流量偏差率，同时流量偏差率也可以由《微灌工程技术规范》中的算法（以下简称"规范算法"）计算得出，其结果见表 5-1。由本书算法计算出的不同保证率下的流量偏差率结果见表 5-2。

表 5-1　　　　　　　　　　不同坡度下的流量偏差率的实测值与规范值

地面坡度 i	支管进口水头 H_0/m	灌水器最小流量 q_{min}/(L/h)	最小流量的灌水器位置		灌水器最大流量 q_{max}/(L/h)	最大流量的灌水器位置		实测流量偏差率 q_v/%	规范算法的流量偏差率 q''_v/%
			实测值/个	计算值/个		实测值/个	计算值/个		
−0.01	13.0	2.13	200	200	2.44	1	1	14.2	16.5
0	12.8	2.16	200	200	2.42	1	1	11.9	14.2
0.01	12.4	2.18	157	160	2.39	1	1	10.0	12.3
0.02	12.2	2.19	136	141	2.38	1	1	8.4	10.5
0.05	11.4	2.20	96	100	2.30	1	1	4.6	6.4
0.10	10.0	2.16	46	52	2.42	200	200	11.5	10.9

注　地面坡度 i 顺流下坡时取正值，顺流上坡时取负值；以管道中水流顺流方向对毛管及灌水器进行编号，支管中最上游的毛管为第 1 条毛管，毛管中最上游的灌水器为第 1 个灌水器，按此依次排序。最小及最大流量的灌水器位置分别在最后一条及第 1 条毛管上，其在毛管上的具体位置表中已给出。

表 5-2　　　　　　　　　　不同保证率下的流量偏差率计算值　　　　　　　　　　%

地面坡度 i	流量偏差率					
	保证率为 50% ($u_1=0$)	保证率为 60% ($u_1=0.25$)	保证率为 70% ($u_1=0.52$)	保证率为 80% ($u_1=0.84$)	保证率为 90% ($u_1=1.28$)	保证率为 100% ($u_1=3.00$)
−0.01	13.1	14.2	15.3	16.6	18.5	25.7
0	11.2	12.2	13.3	14.7	16.5	23.7
0.01	9.5	10.6	11.7	13.1	14.9	22.1
0.02	8.1	9.1	10.2	11.6	13.4	20.6
0.05	4.6	5.7	6.8	8.1	9.9	17.0
0.10	12.1	13.1	14.3	15.6	17.5	24.1

利用本章公式可以分析不同因素对滴灌系统流量偏差的影响，以寻求提高灌水均匀度的途径。从式（5-62）中可以看出：在其他条件不变的情况下，q_v 随着 h_0、h_d 的减小而

增大；同时表 5-1 和表 5-2 中的计算结果表明：即使 h_0 在不断减小的情况下，实测流量偏差率及本章公式计算的流量偏差率 q_v 均随着地形坡度 i 的增大仍然呈先减小后增大的趋势，这说明在一定的坡度条件下，地形坡度对水力偏差具有补偿作用，从而减小了流量偏差，提高了灌水均匀度。

制造偏差对滴灌系统的流量偏差率影响是复杂的，从表 5-1 可以看出，规范算法由于一般采用设计工作水头进行计算且未考虑制造偏差，所以采用规范算法得出的流量偏差率均大于试验实测值，且与实测值相比，偏差都较大，一般都大于 15%，最大达到 39.1%。规范算法虽然能最大限度地保证系统的灌溉质量，但是由于与实测值偏离较大，这样会增大系统的成本。本章的算法将制造偏差作为一种随机变量代入了流量偏差率的计算公式，可以计算出不同保证率下的流量偏差率，从表 5-2 可以看出，当保证率逐渐提高时，流量偏差率的计算值也逐渐增大。当保证率为 50%，流量偏差率的计算值一般小于实测值；当保证率为 60% 时，流量偏差率的计算值与实测值最为接近，计算值介于实测值与规范计算值之间，这样不但能够保证系统的灌溉质量，而且还能使系统较为经济。当保证率大于 70% 后，本章算法的计算值都大于实测值。另外，前文已经说明本章中保证率的选取是偏于安全的，从实验结果中也可以看出这一点，当保证率为 60% 的时候，流量偏差率的计算值已经与实际值较为接近，这在一定意义上也说明，实际情况中水力、地形、制造三偏差较为不利组合出现的概率并不很大。

在本章算法中，流量偏差率的计算值与保证率的选取有直接的关系，保证率的增加，虽然可以尽可能地保证滴灌系统的灌溉质量，但是会增加滴灌系统的成本。因此需要处理好保证灌溉质量与滴灌系统经济性之间的辩证关系。

5.3 滴灌系统流量偏差率的允许值

按照现行的《微灌工程技术规范》（GB/T 50485—2009），灌水小区流量偏差率的允许值为 20%，仅为水力流量偏差率的限定值。若在工程设计中计入制造偏差等因素，那么需要对流量偏差率的允许值进行重新规定。为了使滴灌系统流量偏差率的计算更为简便，同时使滴灌工程设计更为简单，本节在式（5-58）的基础上进行了进一步推导和简化，并分析了制造偏差对综合流量偏差率的影响，提出了灌水小区综合流量偏差率允许值的建议，以便考虑制造偏差等因素的灌水小区综合流量偏差率公式直接用于滴灌工程设计中。

5.3.1 考虑三偏差的流量偏差率公式的进一步推导

根据张国祥（1991）的研究成果可知，灌水小区中灌水器最大工作压力可用经验公式式（5-63）计算：

$$h_{max} = (1 + 0.65 q_{hv})^{\frac{1}{x}} h_d \tag{5-63}$$

将式（5-63）代入式（5-58）可得

$$q_v = q_{hv} + 2u_1 c_v + 0.3 u_1 c_v q_{hv} \tag{5-64}$$

式中：q_v 为考虑水力、地形和制造偏差的灌水小区综合流量偏差率，%；u_1 为服从均值为 0、标准差为 1 的正态分布的随机数；c_v 为制造偏差；q_{hv} 为考虑水力偏差的灌水小区流量偏差率，％；h_{max} 为灌水小区中灌水器最大工作水头，m；h_d 为灌水器设计工作水头，m；x 为灌水器流态指数。

正如 5.2 节中所述，式（5-64）中包含一个随机数 u_1，u_1 的取值与滴灌系统流量偏差率的保证率〔即滴灌系统中实际流量偏差率小于式（5-64）计算值的保证概率〕有关。

当滴灌系统流量偏差率的保证率取 0.999（近似为 1，意为 100％的保证）时，u_1 的值为 3.08；在实际情况中，一般认为制造偏差率 c_v 小于 5％的灌水器为合格产品；另外，按照《微灌工程技术规范》（GB/T 50485—2009）中的规定，在实际滴灌工程设计中，q_{hv} 的值不能超过 20％。将 u_1、c_v 和 q_{hv} 取极值，即 $u_1=3.08$、$c_v=5％$、$q_{hv}=20％$ 代入 $0.3u_1c_vq_{hv}$ 中得

$$0.3u_1c_vq_{hv}=0.3×3.08×5％×20％=0.924％ \tag{5-65}$$

由于 $0.3u_1c_vq_{hv}<1％$，所以式（5-64）中 $0.3u_1c_vq_{hv}$ 这一项可以忽略不计，则 q_v 可近似为

$$q_v=q_{hv}+2u_1c_v \tag{5-66}$$

5.3.2　灌水小区流量偏差率数值模拟

滴灌灌水小区内任何一个灌水器的流量均可表示为

$$q_{ji}=k_{ji}(h_{ji}+z_{ji})^x \tag{5-67}$$

式中：q_{ji} 为第 j 条毛管上第 i 个灌水器流量，L/h；k_{ji} 为第 j 条毛管上第 i 个灌水器流量系数；h_{ji} 为第 j 条毛管上第 i 个灌水器工作压力，m；z_{ji} 为第 j 条毛管上第 i 个灌水器的田面局部高差，m；x 为流态指数。

根据前人研究成果（郑耀泉等，1991），对同一批灌水器，流量系数 k_{ji} 可以看作服从正态分布的随机数，可表示为

$$k_{ji}=k_{avg}(1+w_{ji}c_v) \tag{5-68}$$

式中：k_{avg} 为灌水器流量系数 k 的平均值；w_{ji} 为服从标准正态分布 $N(0,1)$ 的随机数，在灌水器流量计算时，w_{ji} 可通过计算机程序自动生成，并随机赋给支管单元内的每一个灌水器。

将式（5-68）代入式（5-67）得滴灌灌水小区内任一灌水器流量为

$$q_{ji}=k_{avg}(1+w_{ji}c_v)(h_{ji}+z_{ji})^x \tag{5-69}$$

根据水力学知识，忽略流速水头，第 j 条毛管上第 i 个灌水器工作压力 h_{ji} 为

$$h_{ji}=h_{j(i-1)}+h_{f_{j(i-1)}}-J_LS_{et} \tag{5-70}$$

式中：$h_{f_{j(i-1)}}$ 为第 j 条毛管上第 $(i-1)$ 管段水头损失，m；J_L 为沿毛管方向地面坡度，顺坡取正值，逆坡取负值；S_{et} 为灌水器间距，m。

毛管水头损失可用式（5-71）来计算：

$$h_{f_{ji}}=f\nu^{0.25}\frac{Q_{ji}^{1.75}}{D_L^{4.75}}S_{et}\left(1+\frac{S_o}{S_{et}}\right) \tag{5-71}$$

式中：f 为摩阻系数；Q_{ji} 为第 j 条毛管上第 i 管段流量，$Q_{ji}=\sum q_{ji}$，L/h；ν 为水的运动黏度，cm^2/s；D_L 为毛管管径，mm；S_o 为考虑局部水头损失的当量长度，m。

应用步进法水力解析原理，在灌水小区进口压力给定条件下，对滴灌管网压力流量分布情况进行计算分析，具体步骤如下：

（1）给定第 1 条毛管（距灌水小区进口最远的毛管为第 1 条毛管，距灌水小区进口最近的毛管为最后 1 条毛管）上第 1 个灌水器（毛管最末端的灌水器为第 1 个灌水器，毛管进口处的灌水器为最后 1 个灌水器）工作压力 H_{11}，通过式（5-69）得到第 1 条毛管上第 1 个灌水器流量 q_{11} 及第 1 条毛管上第 1 管段中的流量 Q_{11}，通过式（5-70）和式（5-71）得到第 1 条毛管上第 2 个灌水器工作压力 H_{12}；再依此计算第 3 个直至第 I 个灌水器工作压力及流量。

（2）确定第 1 条毛管进口压力与流量后，可得到第 2 条毛管进口压力，假定第 2 条毛管上第 1 个灌水器工作压力为 H_{21}，通过步骤 1 的方法迭代试算，当与入口压力吻合时即可确定 H_{21} 的实际值。

（3）依据同样原理，确定第 3 条毛管至第 J 条毛管上各灌水器工作压力与流量。

（4）比较推算得到的支管进口压力与给定的进口压力，不相等时重新赋值 H_{11}，重复上述步骤，直到相等时停止。

通过以上步进法水力解析，可得到灌水小区内每个灌水器的流量，再通过《微灌工程技术规范》（GB/T 50485—2009）中的流量偏差率和均匀系数计算公式即可得到该灌水小区的流量偏差率和均匀系数值。

5.3.3　制造偏差对灌水小区综合流量偏差率的影响

给定灌水小区，通过上述数值模拟的方法可以分析不同灌水器制造偏差对综合流量偏差率的影响。灌水小区参数如下：支管长度为 60m、管径为 50mm，毛管长度为 80m、管径为 16mm，毛管间距和灌水器间距均为 1m，毛管单向布置，支、毛管铺设坡度均为平坡，灌水小区支管进口压力为 12m，灌水器压力流量公式为 $q=1.22h^{0.5}$。

图 5-2 给出了制造偏差与综合流量偏差率之间的关系，从图 5-2 中可以看出，综合流量偏差率 q_v 与制造偏差率 c_v 呈线性关系，即

$$q_v = 16.66 + 5.6047c_v \tag{5-72}$$

式（5-72）的相关系数 R^2 达到 0.9843，说明 q_v 与 c_v 的相关性很高。当 c_v 取 0（不考虑制造偏差）时，q_v 为 16.66%，即为水力流量偏差率 q_{hv}。式（5-72）中 c_v 的系数 5.6047 相当于式（5-66）中的 $2u_1$，即 u_1 为 2.8024。对灌水小区综合流量偏差率的统计分析，可说明由理论推导出的式（5-66）基本能够反映综合流量偏差率与水力流量偏差率及灌水器制造偏差之间的本质联系。

5.3.4　灌水小区灌水均匀性保证率分析

式（5-66）可以直接应用于滴灌系统设计，但是 u_1 的取值尚未确定。u_1 的取值与滴灌系统流量偏差率的保证率有关。为了充分保证系统灌水质量，式（5-66）流量偏差率的计算值应大于系统流量偏差的真实值；同时，为了最大限度地节约系统成本，计算值应充分接近真实值。流量偏差率是衡量滴灌系统灌水质量的一个重要指标，因此，滴灌系统流量偏差率的保证率事实上也就是反映了灌水均匀性的保证率。为了表述更清晰，让人更容易理解，下文中涉及的"滴灌系统流量偏差率的保证率"全部用"灌水均匀性保证率"来表述。

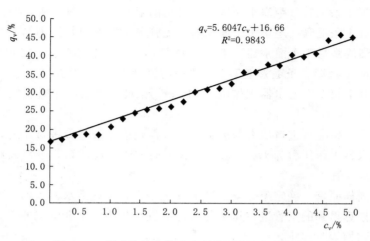

图 5-2　制造偏差与综合流量偏差率之间的关系

5.2 节给出了 u_1 与灌水均匀性保证率 P 的关系：

$$P = \frac{1}{\sqrt{2\pi}} \int_{-\infty}^{u_1} \mathrm{e}^{-\frac{x^2}{2}} \mathrm{d}x \qquad (5-73)$$

当给定 P 值，由式（5-73）可以计算出 u_1 值。

给定一系列滴灌灌水小区，依据上述流量偏差率数值模拟方法，可获得相应的流量偏差率和均匀系数值；已知给定灌水小区的流量偏差率，通过式（5-66）反算 u_1，再利用式（5-73）就可得到相对应的灌水均匀性保证率 P 的值。

参照实际滴灌工程情况，模拟的灌水小区参数及水平如表 5-3 所示，共 180 个灌水小区。每个灌水小区支管进口压力均为 12m，毛管管径为 16mm，毛管间距为 1m，支、毛管铺设坡度均为平坡，灌水器压力流量公式为 $q = 1.22h^{0.5}$，灌水器间距为 1m。在模拟计算灌水小区压力流量分布前，将灌水器制造偏差看作是一个服从正态分布的随机变量，通过编写的计算机程序自动生成一系列随机数（随机数个数应与灌水小区内灌水器数目一致），随机分配给灌水小区内每个灌水器。对每个灌水小区，制造偏差随机分布 3 次，重复计算 3 次灌水小区的灌水器压力流量分布情况。

表 5-3　　　　　　　　　　　　　　模拟的滴灌小区参数及水平

支管长度/m	支管管径/mm	毛管长度/m	灌水器制造偏差系数
60	40	80	0.01
80	50	100	0.03
100	63	120	0.05
120	—	140	—
—	—	160	—

为保证滴灌系统的灌溉质量，灌水小区的灌水均匀系数一般应大于 0.8，因此在下文数据分析中剔除均匀系数小于 0.8 的灌水小区。图 5-3 给出了不同制造偏差率下 P 值的累计频率曲线。经计算，当 c_v 为 5%、3% 和 1% 时，P 值曲线的偏态系数（卢黎霞等，

2006）分别为－1.87、－1.71和－1.65，由此可见，3种不同制造偏差系数下的 P 值曲线均呈负偏或左偏，且偏斜程度较大，说明 P 的平均值偏向数据低端，多数数据大于平均值。由于偏态分布数据的平均值代表性较差，因此在确定 P 值时不宜采用平均值，否则，会造成设计出的滴灌系统，其灌溉质量难以得到保证。

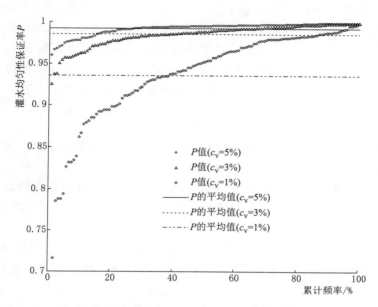

图 5-3 不同制造偏差率下滴灌小区灌水均匀性保证率 P 值累计频率曲线

从系统灌溉质量角度讲，滴灌工程设计时 P 值越高越好，如果 P 值取 1，就可以 100% 保证系统的灌溉质量；但是从系统经济性角度出发，P 值偏小较好，这是一对矛盾，因此 P 值在选取时需要同时兼顾系统灌溉质量和经济性两个方面。

正如前节所述，我们提出的流量偏差率计算公式偏于保守，因此可暂取累计频率达到 80% 时的 P 值为实际滴灌工程设计的推荐值。不同灌水器制造偏差下的 P 值推荐结果见表 5-4。从表 5-4 和图 5-3 中均可看出，c_v 越大，在滴灌工程设计时，P 的取值越高，这与实际情况是相符的。尽管表 5-4 中的 3 种不同灌水器制造偏差系数（5%、3% 和 1%）下 P 的取值分别高达 0.9974、0.9961 和 0.9821，但其对应的 u_1 值差异很大，分别为 2.80、2.66 和 2.10，说明灌水均匀性保证率较高的情况下，P 值的微小变化即能造成 u_1 发生较大的改变，从而影响滴灌系统设计和工程成本。因此根据不同的灌水器制造偏差，选取适宜的灌水均匀性保证率 P 值，对于兼顾灌溉质量和系统的经济性尤为重要。

表 5-4　　　　　　　　　　　　不同灌水器制造偏差下的 P 值和 u_1 值

参　　数	c_v/%		
	5	3	1
P	0.9974	0.9961	0.9821
u_1	2.80	2.66	2.10

5.3.5　灌水小区综合流量偏差率允许值的建议

按照《微灌工程技术规范》（GB/T 50485—2009），灌水小区综合流量偏差率 q_v 的允许值为 20%，但规范中未考虑制造偏差的影响，20% 的 q_v 允许值仅为水力流量偏差率的限定值。与规范相比，灌水器制造偏差在式（5-66）中得以体现，在应用式（5-66）进行微灌工程设计时，如果将 q_v 的允许值再限定为 20%，那么留给水力流量偏差率的空间就较小，从而增加了系统成本。因此，需要重新规定综合流量偏差率 q_v 的允许值，而水力流量偏差率 q_{hv} 的允许值不需要再规定了，可由式（5-66）直接计算得到。

由式（5-66）可知，q_v 的允许值和 q_{hv} 的允许值存在如下关系：

$$[q_v] = [q_{hv}] + 2u_1 c_v \tag{5-74}$$

式中：$[q_v]$ 为灌水小区综合流量偏差率允许值，%；$[q_{hv}]$ 为灌水小区水力流量偏差率允许值，%；其他符号物理意义同前。

从式（5-74）可以看出，q_v 的允许值只是在 q_{hv} 允许值的基础上增加了一项 $2u_1 c_v$，制造偏差对 q_v 的影响较大。当 q_{hv} 为规范规定的 20% 时，如果 c_v 从 1% 增大到 5% 时，那么 q_v 将从 24.2% 增加到 48%。

如果 q_v 允许值取 24.2%，当灌水器制造偏差较大时，留给 q_{hv} 的空间可能非常小，甚至完全没有，比如：当 c_v 取 5% 时，q_{hv} 为 -3.8%，显然不符合实际，说明 q_v 允许值取 24.2% 无疑是偏低的。如果 q_v 允许值取 48%，当灌水器制造偏差较小时，留给 q_{hv} 的空间可能过大，比如：当 c_v 取 1% 时，q_{hv} 为 43.8%，这远远大于规范中 20% 的限定值，说明 q_v 允许值取 48% 是偏高的。因此，q_v 允许值选取仍需同时兼顾系统经济性和灌溉质量两个方面。若 q_v 允许值取值偏小，就会增加系统成本，甚至某些时候，会造成系统无法设计；若 q_v 允许值取值偏大，就会造成灌溉质量难以保证。为此，需要选择一个适中的 q_v 允许值。本书暂取 c_v 为 3% 时的 q_v 值为允许值，即：$q_v = q_{hv} + 2u_1 c_v = 20\% + 2 \times 2.66 \times 3\% \approx 36\%$。这与张国祥基于工程实践经验提出的较高档的 q_v 允许值 32% 较为接近（张国祥，2006）。

5.4　滴灌灌水小区水力设计方法

流量偏差率是描述滴灌系统灌溉质量的重要指标之一，也是滴灌工程设计的主要参数之一。滴灌工程设计中通常采用限定流量偏差率的办法保证系统灌水均匀度。影响流量偏差率的因素很多，如灌水器工作压力的变化、灌水器的堵塞状况、灌水器的制造偏差、灌溉水的温度变化以及地面高低起伏的变化等。在滴灌工程设计中，只有尽可能地将其影响因素全面考虑在内，才能使滴灌工程实际灌溉质量与设计目标最大限度地接近。目前，我国现行的《微灌工程技术规范》（GB/T 50485—2009）在滴灌灌水小区水力设计时仅考虑了水力偏差一项因素，未计入灌水器制造偏差的影响，因此设计出的滴灌工程实际灌溉质量与设计目标还存在一定的差距。另外，由于小流量微压滴灌灌水器工作压力比较低，地形偏差和制造偏差对其灌溉质量影响较大，若再按照规范方法进行设计，势必造成系统实际灌溉质量与设计目标差距较大，所以迫切需要一套专门针对小流量微压滴灌系统的水力设计方法。针对该问题，本节将以提出的同时考虑水力、地形和制造偏差的流量偏差率公式（5－66）为基础，建立基于流量偏差率的滴灌灌水小区水力设计方法。

5.4.1 单条管道（毛管或支管）上的工作水头偏差

将灌水器最大工作压力 H_{max} 和最小工作压力 H_{min} 的差值定义为单条管道上的工作水头偏差，可表示为

$$\Delta h = H_{max} - H_{min} \tag{5-75}$$

式中：Δh 为单条管道上的工作水头偏差，m。

单条管道上的压力分布主要受摩阻损失和地形坡度的影响，根据管道进口与末端的地形高差 $\Delta H'$ 和管道进口至末端的总摩阻损失 ΔH 的比值，即 $\Delta H'/\Delta H$，将地形坡度分为三大类五小种不同的类型（Wu et al.，1983a，1983b；Barragan et al.，2005），如图 5－4 所示，并分别建立不同类型坡度下单条管道上的工作水头偏差计算公式。

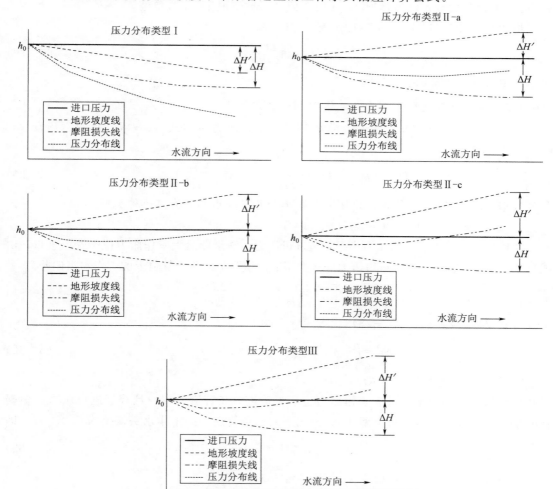

图 5－4　均匀坡度下单条管道压力分布类型示意图

5.4.1.1 压力分布类型Ⅰ：最小工作压力在管道末端（$\Delta H'/\Delta H \leqslant 0$）

当管道在平坡或者逆坡上布设时，管道上的压力沿管长逐渐减小，此种情况下，管道末端灌水器工作压力最小，管道进口处灌水器工作压力最大且近似等于管道进口压力。因此，压力分布类型Ⅰ情况下的单条管道上的工作水头偏差可表示为

$$\Delta h = h_0 - H_{min} = h_0 - (h_0 - \Delta H + \Delta H') = \Delta H - \Delta H' \tag{5-76}$$

式中：h_0 为管道进口工作压力，m；当管道铺设在平坡上时，$\Delta H'$ 为 0。

对于光滑管道，管道进口至末端的总摩阻损失 ΔH 可由 Hazen - Williams 公式计算 Wu et al.，1981）：

$$\Delta H = 5.35 \frac{Q^{1.852}}{d^{4.871}} l \tag{5-77}$$

式中：Q 为管道进口总流量，L/s；d 为管道内径，cm；l 为管长，m。

管道进口与末端的地形高差 $\Delta H'$ 可按式（5-78）计算：

$$\Delta H' = il \tag{5-78}$$

式中：i 为地形坡度；顺坡情况下，i 取正值，逆坡情况下，i 取负值。

将式（5-77）和式（5-78）代入式（5-76）得

$$\Delta h = \left(5.35 \frac{Q^{1.852}}{d^{4.871}} - i\right) l \tag{5-79}$$

式中：当坡度为平坡时，i 为 0。

5.4.1.2 压力分布类型Ⅱ：最小工作压力在管道中间

对于压力分布类型Ⅱ，管道上灌水器最小工作压力可由式（5-80）计算（Barragan et al.，2005）：

$$H_{min} = h_0 - \Delta H \left[1 - \frac{\Delta H'}{\Delta H} + 0.37 \left(\frac{\Delta H'}{\Delta H}\right)^{1.54}\right] \tag{5-80}$$

根据 $\Delta H'/\Delta H$ 的比值，可将压力分布类型Ⅱ进一步细分为三小种类型。

1. 压力分布类型Ⅱ-a（$0 < \Delta H'/\Delta H < 1$）

此种情况下，管道末端压力小于管道进口压力，灌水器最大工作压力位于管道进口，由式（5-75）和式（5-80）可得压力分布类型Ⅱ-a情况下的单条管道上的工作水头偏差为

$$\Delta h = \Delta H \left[1 - \frac{\Delta H'}{\Delta H} + 0.37 \left(\frac{\Delta H'}{\Delta H}\right)^{1.54}\right] \tag{5-81}$$

将式（5-77）和式（5-78）代入式（5-81）得

$$\Delta h = \left(5.35 \frac{Q^{1.852}}{d^{4.871}} - i + 0.15 \frac{i^{1.54} d^{2.63}}{Q}\right) l \tag{5-82}$$

2. 压力分布类型Ⅱ-b（$\Delta H'/\Delta H = 1$）

此种情况下，灌水器最大工作压力位于管道进口和管道末端，且等于进口压力。根据 Wu 等（1983b），压力分布类型Ⅱ-b情况下的单条管道上的工作水头偏差为 $0.37\Delta H$，即

$$\Delta h = 0.37\Delta H = 1.98 \frac{Q^{1.852}}{d^{4.871}} l \tag{5-83}$$

3. 压力分布类型Ⅱ-c（$1 < \Delta H'/\Delta H < 2.852$）

此种情况下，管道末端压力大于管道进口压力，灌水器最大工作压力位于管道末端，

可用式（5-84）表示：

$$H_{\max}=h_0-\Delta H+\Delta H' \tag{5-84}$$

将式（5-84）和式（5-80）代入式（5-85）得

$$\Delta h=0.37\frac{\Delta H'^{1.54}}{\Delta H^{0.54}} \tag{5-85}$$

将式（5-77）和式（5-78）代入式（5-85）得压力分布类型 Ⅱ-c 情况下的单条管道上的工作水头偏差：

$$\Delta h=0.15\frac{i^{1.54}d^{2.63}}{Q}l \tag{5-86}$$

5.4.1.3　压力分布类型 Ⅲ：最小工作压力在管道进口（$\Delta H'/\Delta H\geqslant2.852$）

管道上的压力沿管长逐渐增大。当 $\Delta H'/\Delta H\geqslant2.852$ 时，由于地形坡度特别陡，所以管道上任何一处因地形获得的能量补偿大于摩阻损失，因此，灌水器最小工作压力位于管道进口，且等于管道进口压力，而灌水器最大工作压力位于管道末端，可以用式（5-84）来计算。压力分布类型 Ⅲ 情况下的单条管道上的工作水头偏差为

$$\Delta h=\Delta H'-\Delta H \tag{5-87}$$

将式（5-77）和式（5-78）代入式（5-87）得

$$\Delta h=\left(i-5.35\frac{Q^{1.852}}{d^{4.871}}\right)l \tag{5-88}$$

5.4.2　单条管道（毛管或支管）进口工作压力

均匀坡度下单条同径管道（毛管或支管）上的平均压力按式（5-89）计算（Keller et al.，1974；Anyoji et al.，1987）：

$$\bar{h}=h_0-0.74\Delta H\pm0.5\Delta H' \tag{5-89}$$

式中：$\bar{h}$ 为单条管道上的平均压力，m；顺坡条件下，$0.5\Delta H'$ 项前取正号；逆坡条件下，取负号。

单条管道进口工作压力可由式（5-90）计算：

$$h_0=\bar{h}+0.74\Delta H\mp0.5\Delta H' \tag{5-90}$$

5.4.3　滴灌灌水小区水力设计步骤

滴灌灌水小区水力设计具体步骤如下。

1. 确定滴灌灌水小区允许水力流量偏差率

（1）把滴灌灌水小区允许流量偏差率作为设计标准，q_v 取 0.2。

（2）确定 u_1。已知 P，通过式（5-73）计算 u_1。

（3）选好灌水器类型，确定 c_v。

（4）利用式（5-66），根据 u_1 和 c_v 的值计算灌水小区允许水力流量偏差率 q_{hv}。

2. 确定滴灌灌水小区允许工作水头偏差

（1）按式（5-91）计算滴灌灌水小区允许工作水头偏差率为

$$h_v=\frac{q_{hv}}{x}\left(1+0.15\frac{1-x}{x}q_{hv}\right) \tag{5-91}$$

式中：h_v 为灌水小区允许工作水头偏差率，%；其他符号物理意义同前。当灌水器选定后，流态指数 x 值已知。

（2）计算滴灌灌水小区允许工作水头偏差为

$$\Delta h_{(s,D)} = \bar{h} h_v \qquad (5-92)$$

式中：$\Delta h_{(s,D)}$ 为滴灌灌水小区允许工作水头偏差，m。

3. 毛管水力设计

（1）将 $\Delta h_{(s,D)}$ 的 1/2 作为毛管允许工作水头偏差，有

$$\Delta h_1 = \frac{1}{2} \Delta h_{(s,D)} \qquad (5-93)$$

式中：Δh_1 为毛管允许工作水头偏差，m。

（2）给定毛管管径，确定毛管铺设长度。

1）根据地形坡度，从式（5-79）、式（5-82）、式（5-83）、式（5-86）和式（5-88）中选择对应的公式来计算毛管长度。

2）根据田块大小和毛管长度计算值确定毛管铺设长度。

3）利用步骤 3 中的（2）步骤 1）中选择的公式计算毛管实际工作水头偏差 $\Delta h'_1$。

（3）利用式（5-90）计算要求的毛管进口工作水头，毛管平均工作水头 $\bar{h}$ 等于灌水器设计工作水头；利用式（5-77）和式（5-78）分别计算毛管进口至末端的总摩阻损失 ΔH 和毛管进口与末端的地形高差 $\Delta H'$。

4. 灌水小区水力设计

（1）根据步骤 3 中的（2）步骤 3）中毛管实际工作水头偏差 $\Delta h'_1$ 的计算值，计算支管允许工作水头偏差：

$$\Delta h_s = \Delta h_{(s,D)} - \Delta h'_1 \qquad (5-94)$$

式中：Δh_s 为支管允许工作水头偏差，m。

（2）根据滴灌灌水小区的大小和毛管的设计长度，确定支管长度。

（3）根据地形坡度，从式（5-79）、式（5-82）、式（5-83）、式（5-86）和式（5-88）中选择对应的公式计算支管内径。

（4）根据计算的支管内径值，结合商用管径，设计支管内径。

（5）利用步骤 4 中的（3）步骤中选择的公式计算支管实际工作水头偏差 $\Delta h'_s$。

（6）检查步骤 3 中的（2）步骤 3）中的毛管实际工作水头偏差 $\Delta h'_1$ 计算值与步骤 4 中的（5）步骤中的支管实际工作水头偏差 $\Delta h'_s$ 的计算值之和是否小于滴灌灌水小区允许工作水头偏差 $\Delta h_{(s,D)}$ 的值；若小于，则继续下述步骤；若大于，则须返回到步骤 3 中的（2），重新给定毛管管径，再按上述步骤重新设计。

（7）利用式（5-90）计算要求的支管进口工作水头，支管平均工作水头等于毛管进口工作水头。利用式（5-77）和式（5-78）分别计算支管进口至末端的总摩阻损失 ΔH 和支管进口与末端的地形高差 $\Delta H'$。

5.4.4　滴灌灌水小区水力设计实例

以 0.45hm² 的棉花地为例设计一个滴灌灌水小区。灌水器额定工作水头 10m，额定流

量 0.79L/h，灌水器流量公式 $q=0.25h^{0.5}$，灌水器制造偏差率 c_v 为 0.05，灌水器在毛管上等间距布置，间距为 0.3m。毛管内径 1.6cm，毛管间距 0.95m。毛管铺设在平地上，支管顺坡铺设，坡度为 1%。要求确定滴灌灌水小区毛管铺设长度、毛管进口工作水头、支管长度和内径以及支管进口水头。

具体设计过程如下：

（1）确定设计标准 $q_v=0.2$。

（2）P 取 0.6，根据式（5-73）计算 u_1 为 0.253。

（3）灌水器制造偏差系数 $c_v=0.05$。

（4）根据式（5-66），可得 $q_{hv}=0.174$。

（5）根据式（5-90），可得 $h_v=0.357$。

（6）$\bar{h}$ 取 10m，根据式（5-92），可得 $\Delta h_{(s,l)}=3.57\text{m}$。

（7）根据式（5-93），可得 $\Delta h_l=1.785\text{m}$。

（8）由于毛管铺设坡度为 0，所以选择式（5-79）计算毛管长度：

$$1.785=5.35\times\frac{\left(\dfrac{0.79}{3600}\times\dfrac{l}{0.3}\right)^{1.852}}{1.6^{4.871}}l \quad \Rightarrow l=165(\text{m})$$

（9）设计毛管长度 150m，则支管长度为 30m。

（10）根据式（5-79）计算得 $\Delta h'_l=1.358\text{m}$。

（11）根据式（5-90）计算要求的毛管进口工作水头为 11m。

（12）根据式（5-94）计算支管允许工作水头偏差：$\Delta h_s=2.212\text{m}$。

（13）支管顺坡布置，坡度为 1%，因此选择式（5-82）计算支管内径：

$$2.212=30\left[5.35\times\frac{\left[\dfrac{0.79}{3600}\times\dfrac{150}{0.3}\times\text{roundup}\left(\dfrac{30}{0.95}\right)\right]^{1.852}}{d^{4.871}}-0.01+0.15\times\frac{0.01^{1.54}d^{2.63}}{\dfrac{0.79}{3600}\times\dfrac{150}{0.3}\times\text{roundup}\left(\dfrac{30}{0.95}\right)}\right]$$

$$\Rightarrow d=3.795(\text{cm})$$

因此，支管设计内径为 4cm。

（14）根据式（5-82）计算得 $\Delta h'_s=1.66\text{m}$。

（15）$(\Delta h'_l+\Delta h'_s=1.358+1.66=3.018\text{m})<(\Delta h_{(s,l)}=3.57\text{m})$。

（16）根据式（5-77）计算支管摩阻损失：$\Delta H=1.919\text{m}$，根据式（5-78）计算支管进口与末端的地形高差：$\Delta H'=0.3\text{m}$。

（17）根据式（5-90）计算要求的支管进口工作水头为 12.27m。

第6章

小流量微压滴灌条件下土壤水分运动

在作物的生长过程中，作物是通过其根系不断地从土壤中吸收水分，然后再通过叶片将吸收的绝大部分水分散失到大气中。灌溉技术不同，其湿润土壤的方式也不同，即使是同一种灌溉技术，如果其灌溉技术参数选择不一样，也会导致湿润体内的土壤含水率分布发生变化，进而使作物根系结构、根系吸水特征发生变化，同时还对作物地上部分的生长发育过程产生影响，并最终导致作物产量的变化（李明思，2006）。与常规滴灌不同的是小流量微压滴灌系统的工作压力低、灌水器设计流量小，较低的工作压力降低了滴灌系统的成本，灌水器设计流量的减小在一定程度上保证了系统的灌溉质量。然而，减小灌水器设计流量会对土壤水分运动状况及土壤湿润体内的水分分布特性产生重要影响，并进而影响作物的生长，因此，有必要研究小流量滴灌对土壤水分运动的影响，它是小流量微压滴灌技术开发之前的基础性工作，可以为小流量微压滴灌技术的开发提供一定的理论依据。

对于滴灌条件下的土壤水分运动，前人已做了大量的研究，并取得了一系列的成果（Schwartzman et al.，1986；Zur，1996；Thorburn et al.，2003；Cote et al.，2003；Ben - Asher et al.，2003；Cook et al.，2003；Witelski et al.，2005；Li et al.，2004，2007；Zhou et al.，2008；Bhatnagar et al.，2008；）。Zur 等（1994）提出了利用湿润锋的位置及运移速率来控制灌溉水量的方法。Badr 等（2007）针对沙土研究了不同的滴灌方式和不同的灌水器流量对土壤水分、溶质运移及西红柿产量的影响。Thabet 等（2008）研究了突尼斯南部滴灌条件下砂壤土的湿润方式。汪志荣等（2000）通过实验研究了点源入渗条件下的土壤水分运动规律，得出了在不同灌水器流量情况下，实际滴灌可以形成两种入渗边界，边界一是非充分供水点源入渗边界，边界二为变边界积水点源入渗边界，并对两种边界条件特点及其灌水器流量、灌水时间、湿润锋、含水量分布等之间的关系进行了分析。分析前人的研究可以发现，前人的研究主要集中在点源滴灌上，而对多点源滴灌条件下的土壤水分运动涉及较少。但是点源滴灌不存在湿润锋交汇的问题，而在一些实际的滴灌工程中，由于灌水器间距较小，相邻两个灌水器之间的湿润锋经常会发生交汇现象（孙海燕等，2007），为了准确地模拟这种现象，以更充分地反映滴灌湿润土体内部的水分运动情况，本章在室内进行了四点源交汇入渗的模拟试验，在其他条件（如：土壤初始含水率、土壤容重等）一致的情况下，针对砂壤土和黏壤土，重点研究了不同灌水器流量

（尤其小流量）和灌水量对土壤水分运动状况的影响，以期为小流量微压滴灌系统设计时确定灌水器适宜流量提供一定的理论依据。

6.1 小流量微压滴灌条件下土壤水分运移试验

6.1.1 试验设计与方法

6.1.1.1 供试土壤

试验供试土壤为砂壤土和黏壤土，砂壤土取自杨凌渭河一级阶地，黏壤土取自渭河三级阶地，取土层次均为 0～50cm。供试土壤的基本物理参数见表 6-1。

表 6-1　　　　　　　　　　供试土壤的基本物理参数表

土壤类型	土壤初始含水率/%	田间持水量/%	干容重/(g/cm³)	土壤颗粒组成/%		
				黏粒	粉粒	砂粒
砂壤土	0.48	17.19	1.44	2.65	14.31	83.04
黏壤土	3.83	24.67	1.25	5.46	29.26	65.28

6.1.1.2 试验装置

试验装置由供水系统、试验土箱及多通路土壤水分测定仪组成。多点源交汇入渗试验装置示意图如图 6-1 所示。供水系统由马氏瓶和灌水器组成。灌水器采用医用注射针头模拟，利用马氏瓶向灌水器供水，以维持恒定的灌水器流量，并通过调节马氏瓶进气孔和排气孔的开度来改变灌水器流量。试验土箱采用矩形结构，利用有机玻璃加工而成。其尺寸为 120cm×60cm×70cm（长×宽×高）。试验过程中采用多通路土壤水分测定仪对土壤湿润体内的水分动态变化进行监测，该仪器由探针传感器及其固定装置和自动采集器两大部分组成，通过测定土壤中的电学反应特性即电阻的变化来确定土壤含水率，它可长期动态监测土体中多个控制点的土壤水分变化趋势。由于该水分测量系统受土壤质地、容重等因素的影响，因此使用前需先用烘干法对测试土样进行含水率标定（文中所指的含水率均为重量含水率）。

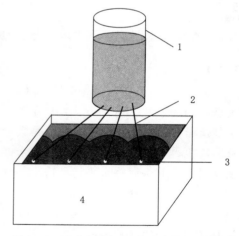

图 6-1　多点源交汇入渗试验装置示意图
1—马氏瓶；2—塑料瓶；3—灌水器；4—试验土箱

6.1.1.3 试验方法

为了使模拟试验更接近于田间实际滴灌情况，本试验采用四个灌水器进行滴灌，重点观测中间两个灌水器的湿润锋运移和交汇情况，并监测其土壤水分分布的动态变化趋势。为了便于试验的观测，取滴灌湿润体的 1/2 为研究对象，即将四个灌水器分别布置在试验土箱的同一个较长边上，灌水器间距为 30cm，在每次试验开始前，通过调节马氏瓶进气孔和排气孔的开度使四个灌水器的流量一致，并达到试验所需的设计流量。试验中灌水器流量采用 0.25L/h、0.5L/h、1L/h 和 1.5L/h 四种不同的处理，每种处理的单个灌水器灌水量均为 4L（因为试验中是将滴灌湿润体的 1/2 作为研究对象，所以试验中采用的四种不同的灌水器流量实际上分别相当于 0.5L/h、1L/h、2L/h 和 3L/h 的田间实际滴灌流量，而试验中的灌水量实际上相当于 8L 的实际滴灌灌水量）。

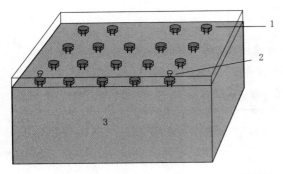

图 6-2　探针传感器在土体表面布置的示意图
1—探针传感器；2—灌水器（为 4 个灌水器中的中间两个灌水器）；3—土箱

试验前将风干土壤过 2mm 筛，按实测土壤的平均干容重分层装填土箱，每层厚度 10cm，并在填土过程中埋设探针传感器，探针传感器分四组，每组 19 只，分层布置在土体中，从土体表面开始向下布置，每 10cm 一层，图 6-2 给出了探针传感器在土体表面布置的示意图。装填完毕的土箱让其平衡 24h，以便获得均匀的初始土壤含水率剖面。在入渗过程中按照先密后疏的原则，通过固定在试验土箱外壁水平和垂直方向的钢尺观测湿润体水平和垂直湿润锋随时间的变化过程，灌水开始后 4h 内每 10min 记录一次，灌水 4～8h 每 30min 记录一次，灌水 8h 之后每 60min 记录一次，停止灌水 24h 后再记录一次。试验结束后取土，用烘干法测定所取土样的含水率，对土壤水分测定仪测量数据进行验证。

6.1.2　不同灌水器流量下土壤水分运动规律

6.1.2.1　湿润锋运移规律

图 6-3 给出了在相同灌水量下（$Q = 4L$），不同灌水器流量的湿润锋水平与垂直运移距离随时间的变化。从图 6-3 中可知：无论是水平方向，还是垂直方向，在相同时刻，灌水器流量大的湿润锋运移速率总是大于灌水器流量小的湿润锋运移速率，并且湿润锋的运移距离也是灌水器流量大的大于灌水器流量小的；对于相同的灌水器流量而言，在入渗的初始时刻，其湿润锋水平运移速率与垂直运移速率都较大，并且大致相等，随着入渗时间的延长，其湿润锋水平运移速率及垂直运移速率均会呈现出逐渐减小的趋势。另外从图 6-3 中还可以看出：当灌水器流量为 0.25L/h 和 0.5L/h 时，湿润锋水平运移速率要比垂直运移速率减小得略快一些，换而言之，随着入渗时间的增加，湿润锋的垂直运移速率略大于水平运移速率，在结束灌水时，其湿润锋的垂直运移距离也略大于水平运移距离；当灌水器流量为 1L/h 和 1.5L/h 时，湿润锋垂直运移速率要比水平运移速率减小得略快一些，即：随着入渗时间的增加，湿润锋的水平运移速率略大于垂直运移速率，在结束灌水时，其湿润锋的水平运移距离也略大于垂直运移距离。这充分说明，在灌水量、土壤初始含水率、土壤质地、容重及灌水器间距等其他条件一致时，小流量滴灌有利于土壤水分的垂直运动，而大流量滴灌有利于土壤水分的水平运动。出现这种现象主要是因为：当灌水器流量为 0.25L/h 和 0.5L/h 时，由于灌水器流量较小，灌水器的出流速率小于土壤水分的入

渗速率，灌水器所供应的水分能在瞬间渗入到土壤中，地表不会形成积水，这种情况下，在入渗的初始阶段，土壤水分的水平运动及垂直运动都主要受基质势梯度的作用，随着入渗时间的增加，湿润体的体积及湿润体内的土壤含水率都在不断地增大，从而导致基质势梯度逐渐减小，当减小到重力势梯度相对于它而言不再可以忽略时，则表现为基质势梯度主导土壤水分的水平运动，而土壤水分的垂直运动则主要受基质势梯度和重力势梯度共同的作用，正因如此，对于 0.25L/h 和 0.5L/h 的灌水器流量而言，在入渗的初始时刻，其湿润锋的垂直运移速率会接近于水平运移速率，而随着入渗时间的进一步增加，其垂直运移速率又略大于水平运移速率；当灌水器流量为 1L/h 和 1.5L/h 时，由于灌水器流量较大，灌水器的出流速率大于土壤水分的入渗速率，灌水器所供应的水分不能迅速渗入到土壤中，在地表形成积水，从而促进了湿润锋的水平运移速率，使得其水平运移速率略大于垂直运移速率。

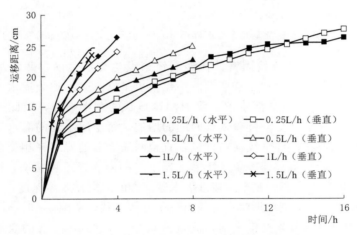

图 6-3　不同灌水器流量下湿润锋水平与垂直运移距离随时间的变化

图 6-4 给出了灌水量为 4L、流量为 0.25L/h 的灌水器处及湿润锋交汇界面处水平与垂直运移距离随时间的变化。从图 6-4 中可以看出，从滴灌开始，经过 4.25h 中间两灌水器的湿润锋相交汇，交汇后交汇界面处的湿润锋迅速向前推进，并且在湿润锋交汇后的一个时间段内，交汇界面处的湿润锋水平运移速率及垂直运移速率都大于同一时刻灌水器处的湿润锋水平运移速率及垂直运移速率，这主要是因为在湿润锋交汇后的一个时间段内，由于交汇界面处沿灌水器布置方向上土壤水分通量为 0，土壤水分运动由三维扩散变为二维扩散，与灌水器处相比，水分扩散受到了抑制，促进了土壤水分的积累，使湿润锋上的土壤水势梯度加大，从而造成交汇界面处的湿润锋水平运移速率及垂直运移速率都远大于灌水器处的湿润锋水平运移速率及垂直运移速率。

6.1.2.2　交汇入渗湿润土体形状

1. 沿灌水器布置方向的剖面形状

图 6-5 给出了不同灌水器流量在不同灌水量下的交汇入渗湿润土体沿灌水器布置方向的剖面形状。坐标系中的 (0，0) 点及 (30，0) 点为两灌水器的所在位置。从图 6-5

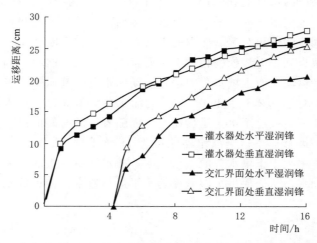

图 6-4　灌水器处及湿润锋交汇界面处水平与垂直运移距离随时间的变化

中可以看出：对任一灌水器流量而言，在湿润锋未发生交汇之前，两灌水器均呈点源入渗，入渗湿润锋的形状均为近似半椭圆［图中仅给出了（0，0）点处灌水器入渗湿润锋形状的右半部分及（30，0）点处灌水器入渗湿润锋形状的左半部分，因此图中显示出的湿润锋的形状为近似 1/4 椭圆形］随着入渗时间的增加，每个灌水器的灌水量也在不断地增加，每个灌水器的入渗湿润锋继续向前推进，直至两灌水器的湿润锋相交汇；湿润锋交汇后，由于交汇处的湿润锋运移速率要大于灌水器下方的湿润锋运移速率，所以交汇处的湿润锋入渗深度随着时间的推移会越来越接近灌水器下方的湿润锋入渗深度，最终交汇入渗湿润土体沿灌水器布置方向的剖面形状会呈现出一条近似带状。从图 6-5（a）及图 6-5（b）中可以看出，在湿润锋未发生交汇之前，流量为 0.25L/h 及 0.5L/h 的灌水器，其湿润锋的入渗深度都略大于水平入渗距离，而图 6-5（c）及图 6-5（d）则显示，在湿润锋未发生交汇之前，流量为 1L/h 及 1.5L/h 的灌水器，其湿润锋的水平入渗距离均略大于入渗深度，这些还是充分说明了在其他条件及灌水量相同时，小流量滴灌有利于土壤水分的垂直运动，而大流量滴灌有利于土壤水分的水平运动。由图 6-5 还可知，在灌水量为 4L，即灌水都停止时，灌水器流量小的入渗深度要大于灌水器流量大的入渗深度。灌水结束后，湿润体内的水分会经历一个非常重要的再分配阶段，在这个阶段内，湿润锋会继续向前运移一段距离，从图 6-5 中可以看出，在这个阶段里，灌水器流量越小，其湿润锋再运移的距离越小，而灌水器流量越大，其湿润锋再运移的距离越大。这主要是因为在土壤水分再分配的过程中，土壤水分运动主要受重力势与基质势的作用，灌水器流量较大时形成的土壤湿润体，内部含水率较大，因此，湿润锋处土壤水势梯度也较大，土壤水分扩散速度较快，故灌水器流量越大，停水后一段时间内湿润锋继续运移的距离越大。由于土壤水分再分配的作用，停水后 24h，不同灌水器流量下入渗深度的差异已经不大。

2. 垂直于灌水器布置方向的剖面形状

图 6-6 给出了相同的灌水量（$Q=4L$）、不同的灌水器流量在供水停止 24h 后的交汇入渗湿润土体垂直于灌水器布置方向的剖面形状。从图 6-6 中可以看出，对于不同的灌水

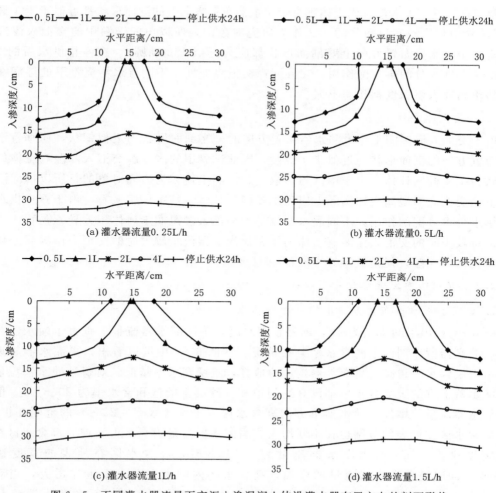

图 6-5 不同灌水器流量下交汇入渗湿润土体沿灌水器布置方向的剖面形状

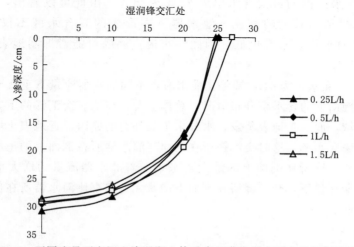

图 6-6 不同流量下交汇入渗湿润土体垂直于灌水器布置方向的剖面形状

器流量而言，其交汇入渗湿润土体垂直于灌水器布置方向上的剖面形状都近似于 1/4 椭圆（由于试验中是取滴灌湿润体的 1/2 作为研究对象的，所以田间滴灌中的交汇入渗湿润土体垂直于灌水器布置方向上的剖面形状都应为近似 1/2 椭圆）。在停止供水后的 24h 内，由于土壤水分的再分配作用，在湿润锋交汇界面处，不同灌水器流量下的湿润锋水平运移距离及入渗深度都相差不大。

3. 湿润土体形状

由于交汇入渗湿润土体沿灌水器布置方向的最终剖面形状为近似带状，而垂直于灌水器布置方向的剖面形状为近似 1/4 椭圆，因此试验中的多点源交汇入渗湿润土体的最终形状为 1/4 椭圆柱体。由于本试验是取 1/2 湿润土体作为研究对象的，所以田间滴灌条件下的交汇入渗湿润土体实际上应为 1/2 椭圆柱体。从本试验来看，由于停止供水后的土壤水分再分配的作用，不同灌水器流量下交汇入渗湿润土体体积差异不是很大，灌水器流量较小时的交汇入渗湿润土体的体积比灌水器流量较大时的交汇入渗湿润土体的体积要稍微大一些，但是其差异一般都在 10％以内。

6.1.2.3 湿润体内土壤水分分布规律

1. 垂直于灌水器布置方向上的剖面土壤水分分布

图 6-7 给出了灌水量为 4L，即停止灌水时，不同灌水器流量下垂直于灌水器布置方向、灌水器所在剖面上的含水率分布情况。从图 6-7 中可以看出，离灌水器越近的地方，土壤含水率越高；离灌水器越远的地方，土壤含水率越低。对每种灌水器流量而言，灌水器下方的土壤含水率都没有达到饱和（砂壤土的饱和含水率为 30.5％），但是随着灌水器流量的增加，灌水器下方的高含水区（土壤含水率≥22％）的范围在扩大，而且高含水区在地表的范围也在不断增大。当灌水器流量为 0.25L/h 时，高含水区在地表的宽度仅为 2cm，而当灌水器流量为 1.5L/h 时，高含水区在地表的宽度达到 13.5cm；同时随着灌水器流量的增加，高含水区内的最大含水率也在增大，当灌水器流量为 0.25L/h 时，高含水区内最大含水率为 22％～23％，而当灌水器流量为 1.5L/h 时，高含水区内的最大含水率为 25％～26％。由此可以看出，当灌水器流量较小时，与灌水器流量较大的相比，灌水器下方形成的高含水区不仅在地表的范围小，而且其内部的平均含水率也低，因此，小流量滴灌可能对抑制地表蒸发具有积极作用。

图 6-8 给出了灌水量为 4L，即停止灌水时，不同灌水器流量下垂直于灌水器布置方向、交汇锋所在剖面上的含水率分布情况。总体上看，在地表交汇锋的下方，存在一个含水率比较高的区域，而由于地表蒸发、水分来不及补充的原因，近地表土壤的含水率则稍低于该区域的土壤含水率，这时交汇锋所在剖面与灌水器所在剖面上的土壤含水率分布最为显著的差异。交汇锋所在剖面上的最大含水率随着灌水器流量的增大呈现出增加的趋势，而同一灌水器流量下，交汇锋所在剖面上的最大含水率比灌水器所在剖面上的最大含水率要稍微低一些。

2. 沿灌水器布置方向上的剖面土壤水分分布

图 6-9 给出了灌水量为 4L，即停止灌水时，不同灌水器流量下交汇入渗湿润土体沿

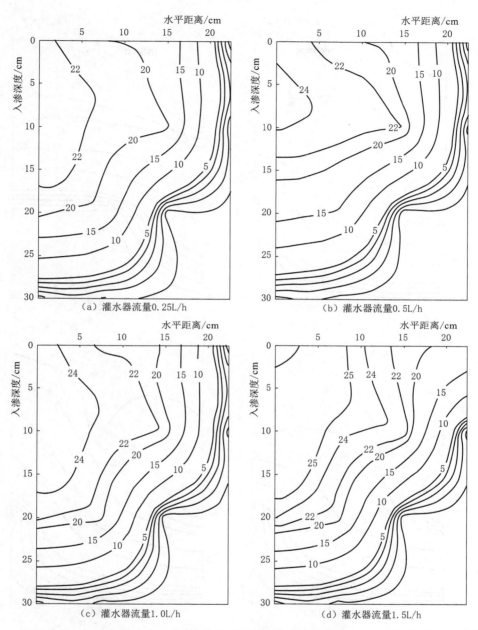

图 6-7　垂直于灌水器布置方向、灌水器所在剖面上的含水率（％）分布

灌水器布置方向上的剖面含水率分布情况，坐标系中的（0，0）点及（30，0）点为两灌水器的所在位置。从图 6-9 中可以看出，入渗深度以 15～20cm 为界，不同灌水器流量下的剖面土壤含水率等值线分布均呈现出上层复杂下层相对平缓的特征，上层区域的土壤含水率等值线的分布类似于地形图上的"鞍部"。水平方向上，在两灌水器下方，土壤含水率较大，在湿润锋交汇处的附近，土壤含水率较低。垂直方向上，土壤含水率随入渗深度的增加大体上呈先增大再减小的趋势。这种现象的出现是土壤水分入渗与地表水分蒸发共

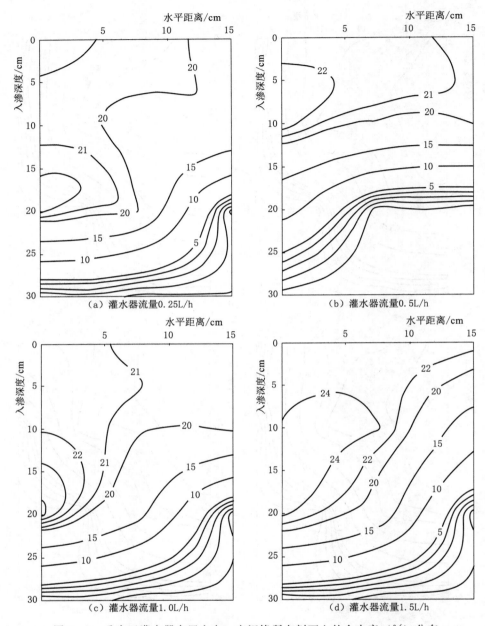

图 6-8　垂直于灌水器布置方向、交汇锋所在剖面上的含水率（%）分布

同作用的结果。在土壤水分运动过程中，土壤水分总是由水势高的地方向水势低的方向运动，沿水分运动方向上土壤含水率呈递减趋势，因此灌水器下方的土壤含水率较大，而在湿润锋交汇处的附近，土壤含水率较低。同时。由于地表蒸发的作用，消耗了一部分土壤水分，而在湿润锋交汇处的附近，土壤水分得不到充分地补充，使得该处的土壤含水率进一步降低，导致在一定入渗深度范围内，土壤含水率随入渗深度的增加而增大，在"鞍部"的"脊线"上，土壤含水率达到最大，"脊线"以下的土体中的土壤水分不再受蒸发

作用的影响，土壤水分仅在基质势和重力势作用下运动，土壤含水率又呈现出随入渗深度的增加而逐渐减小的趋势。在剖面上层区域，对于灌水器流量较大的处理而言，其"脊线"以上土体中的平均含水率较灌水器流量较小处理中的大一些，而该部分土体受蒸发作用的影响又很明显，因此，灌水器流量较大的处理相对于灌水器流量较小的处理，其受蒸发作用的影响更大。当入渗深度超过 15～20cm 时，在剖面的下层区域，土体中的含水率等值线相对平缓。同一深度土层上的各点含水率相差不大，并且随着入渗深度的增加，土壤含水率呈减小的趋势。但是从图 6-9（d）中可以看出，当灌水器流量为 1.5L/h 时，其下层区域中的土壤含水率等值线比其他灌水器流量下的要曲折一些，这主要是由于土壤水分总是由含水率高的地方向含水率低的地方运动，在基质势的作用下，灌水时间越长，越利于同一深度土层上的各点含水率达到相对平衡，并逐渐趋于一致。在灌水量同为 4L 时，1.5L/h 的灌水器流量的灌水时间为 2.67h，而 0.25L/h 的灌水器流量的灌水时间为 16h，由于灌水器流量大的灌水时间比灌水器流量小的灌水时间要短，因此同一深度土层上的各点含水率达到相对平衡的时间也就没有灌水器流量小的充裕，故在其剖面下层区域土体中的含水率等值线也就相对曲折一些。

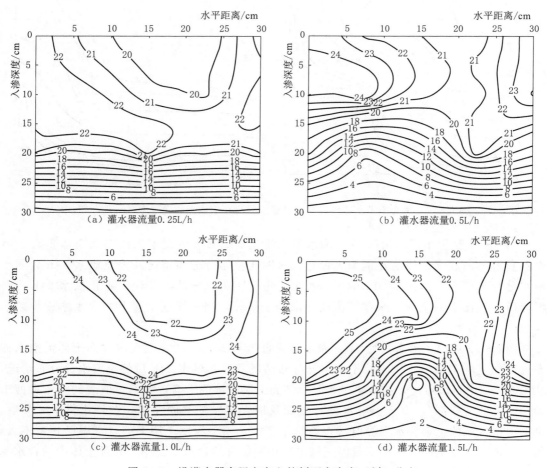

图 6-9　沿灌水器布置方向上的剖面含水率（％）分布

3. 停止供水 24h 后土壤水分再分布规律

图 6-10 给出了灌水量为 4L、灌水器流量为 0.25L/h 的交汇入渗湿润土体垂直于灌水器布置方向、灌水器所在剖面上停止供水时土壤水分分布情况及停止供水 24h 后的土壤水分分布情况。从图 6-10 中可以看出，在停止供水后 24h 内，由于土壤水分的再分配作用，湿润锋继续向前推移，停止供水时的湿润锋附近土体中的含水率有所增加，而灌水器附近土体中的含水率有所降低，并且在同一深度土层上各点含水率的差异呈现出逐渐减小的趋势。停止供水时，土体中的含水率随着入渗深度的增加而减小，但是在停止供水 24h 后，由于土壤水分再分配及地表蒸发的共同作用，土体中的含水率随着入渗深度的增加呈先增大后减小的趋势。

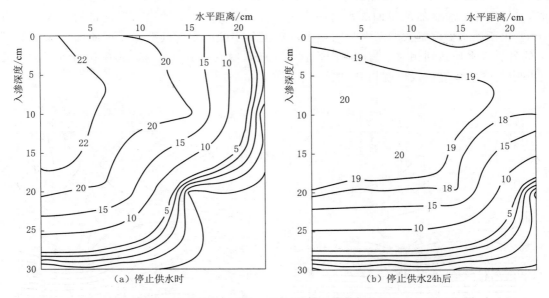

图 6-10 垂直于灌水器布置方向、灌水器所在剖面上的含水率（%）分布

图 6-11 给出了灌水量为 4L、灌水器流量为 0.25L/h 的交汇入渗湿润土体垂直于灌水器布置方向、交汇锋所在剖面上停止供水时土壤水分分布情况及停止供水 24h 后的土壤水分分布情况。从图 6-11 中可以看出，由于土壤水分的再分配，停止供水 24h 后交汇锋所在剖面上的土壤含水率等值线逐渐趋于平缓，同一深度土层上的含水率逐步趋于一致。

图 6-12 给出了灌水量为 4L、灌水器流量为 0.25L/h 的交汇入渗湿润土体沿灌水器布置方向上的剖面停止供水时土壤水分分布情况及停止供水 24h 后的土壤水分分布情况。从图 6-12 中可以看出，在停止供水时，剖面上层区域的土壤含水率等值线的分布类似于地形图上的"鞍部"，由于土壤水分再分配及地表蒸发的共同作用，在停止供水 24h 后，剖面上层区域的土壤含水率等值线逐渐趋于平缓，同一深度土层上的含水率已相差不大，而且土体中各点上的含水率都较停止供水时相同位置的含水率要小，并且土体中的含水率随着入渗深度的增加也呈先增大后减小的趋势。

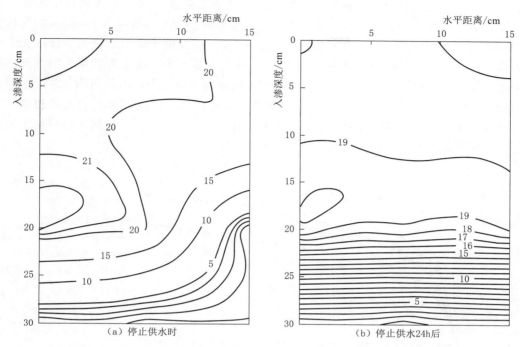

图 6-11   垂直于灌水器布置方向、交汇锋所在剖面上的含水率（%）分布

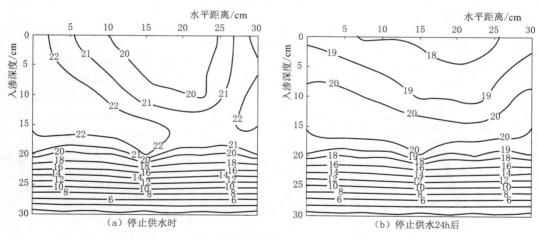

图 6-12   沿灌水器布置方向上的剖面含水率（%）分布

6.1.3   不同土壤类型下水分运动规律

6.1.3.1   湿润锋运移规律

图 6-13 和图 6-14 分别给出了砂壤土和黏壤土在不同灌水器流量下的湿润锋水平运移距离及垂直运移距离随时间的变化。从图 6-13 和图 6-14 中可以看出，对于相同的灌水器流量，在相同的时刻，无论是水平方向上，还是垂直方向上，砂壤土湿润锋的运移距

离总是大于黏壤土湿润锋的运移距离；特别是在垂直方向上，对于入渗过程中的任一时刻，灌水器流量为 0.25L/h 的砂壤土的湿润锋入渗深度与灌水器流量为 0.5L/h 的黏壤土的湿润锋入渗深度相差无几，而灌水器流量为 0.5L/h 的砂壤土的湿润锋入渗深度大于灌水器流量为 1L/h 的黏壤土的湿润锋入渗深度。这主要是因为黏壤土与砂壤土的物理性质与土壤结构不同，相对于黏壤土而言，砂壤土土壤黏粒含量较少，因此相同条件下土壤水吸力较小，土壤水更易克服土壤颗粒对其的吸力向外扩散，同时砂壤土的孔隙较多，因此，砂壤土中的水分运动速率要大于黏壤土中的水分运动速度，所以相同时刻砂壤土湿润锋的运移距离总是大于黏壤土湿润锋的运移距离。

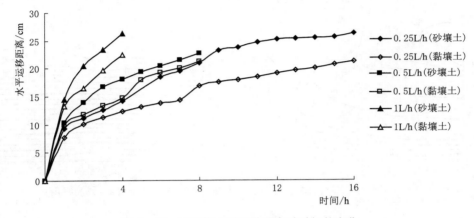

图 6-13 湿润锋水平运移距离随时间的变化

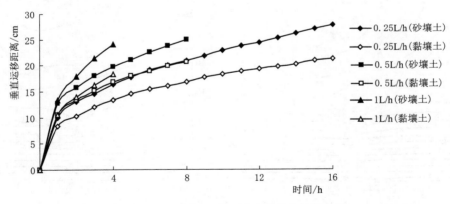

图 6-14 湿润锋垂直运移距离随时间的变化

图 6-15 和图 6-16 给出了灌水器流量为 0.25L/h 的砂壤土和黏壤土的湿润锋水平运移速率和垂直运移速率随时间的变化。从图 6-15 和图 6-16 中可以看出，无论是垂直方向，还是水平方向，砂壤土湿润锋的运移速率均大于黏壤土湿润锋的运移速率，并且两者都是随入渗时间的增加呈递减的趋势，在入渗开始后的一段时间内，两者均迅速减小，当入渗达到一定时间后，两者减小的速度放缓，随着入渗时间的进一步增加，砂壤土和黏壤土的湿润锋运移速率均趋于稳定。

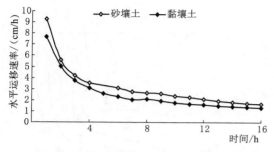

图 6-15 湿润锋水平运移速率随时间的变化

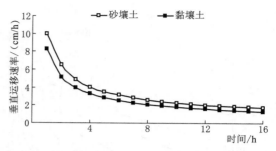

图 6-16 湿润锋垂直运移速率随时间的变化

6.1.3.2 湿润体内土壤水分分布规律

1. 垂直于灌水器布置方向上的剖面土壤水分分布

图 6-17 给出了砂壤土和黏壤土在灌水器流量为 0.5L/h、灌水量为 4L，停止供水时交汇入渗湿润土体垂直于灌水器布置方向、灌水器所在剖面上的含水率分布情况，从图 6-17 中可以看出，无论是砂壤土，还是黏壤土，均遵循同样的规律：灌水器附近处，含水率较高；远离灌水器的地方，含水率较低。在相同的灌水器流量和灌水量的条件下，黏壤土湿润土体中的平均含水率高于砂壤土湿润土体中的平均含水率，并且在湿润土体中任意相同的位置上，黏壤土的含水率均大于砂壤土的含水率。这主要是因为水分在黏壤土中比在砂壤土中运移得慢，在相同的灌水器流量和灌水量的条件下，黏壤土形成的湿润土体比砂壤土形成的湿润土体要小，所以黏壤土湿润土体中的平均含水率高于砂壤土湿润土体中的平均含水率，并且在湿润土体中任意相同的位置上，黏壤土的含水率均大于砂壤土的含水率。

图 6-18 给出了砂壤土和黏壤土在灌水器流量为 0.5L/h、灌水量为 4L，停止供水时交汇入渗湿润土体垂直于灌水器布置方向、交汇锋所在剖面上的含水率分布情况，总体上看，无论是砂壤土，还是黏壤土，在地表交汇锋的下方，存在一个含水率比较高的区域，而由于地表蒸发、水分来不及补充的原因，近地表土壤的含水率则稍低于该区域的土壤含水率。在相同的灌水器流量和相同的灌水量下，黏壤土的交汇锋所在剖面上的湿润区域比砂壤土的要小，而其交汇锋所在剖面上的最大含水率比砂壤土的要大，并且在湿润区域中任意相同的位置上，黏壤土的含水率均大于砂壤土的含水率。

2. 沿灌水器布置方向上的剖面土壤水分分布

图 6-19 给出了砂壤土和黏壤土在灌水器流量为 0.5L/h、灌水量为 4L，即停止供水时的交汇入渗湿润土体沿灌水器布置方向上的剖面含水率分布情况，从图 6-19 中可以看出，大约以入渗深度 15～20cm 为界，上层与下层土壤含水率分布具有不同的特征。不论是黏壤土还是砂壤土，上层区域的土壤含水率等值线的分布都类似于地形图上的"鞍部"，水平方向上，在两灌水器下方，土壤含水率较大，在湿润锋交汇处的附近，土壤含水率较低，垂直方向上，土壤含水率随入渗深度的增加大体上呈先增大再减小的趋势。当入渗深度超过 15cm 时，在剖面的下层区域由于受湿润锋交汇的影响，两个灌水器形成的湿润体的等含水率线融合成一条曲线，随着入渗深度的增加，土壤含水率呈减小的趋势，但砂

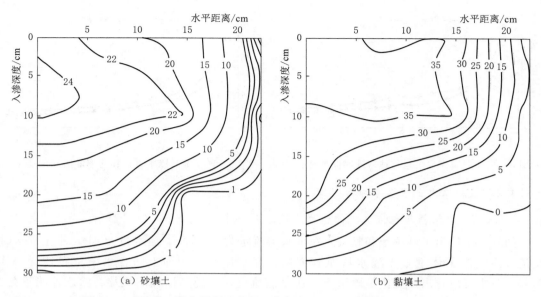

图 6-17　垂直于灌水器布置方向、灌水器所在剖面上含水率（％）分布

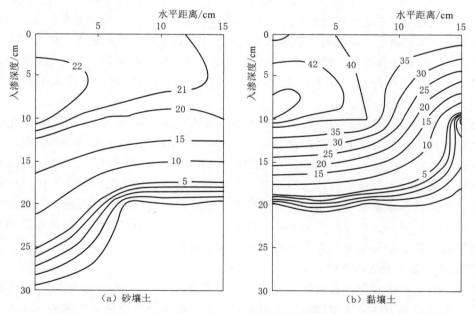

图 6-18　垂直于灌水器布置方向、交汇锋所在剖面上含水率（％）分布

壤土中的含水率等值线相对平缓，同一深度土层上的各点含水率相差不大，而黏壤土中的土壤含水率等值线则比较弯曲，同一深度的土层上，两侧（灌水器）下方的土壤含水率要明显高于中部（湿润锋交汇处）的土壤含水率，形成这一差别的主要原因是，黏壤土水分运动速度较慢，达到土壤含水率相对平衡所需的时间要更长一些，停止供水时湿润体内部的土壤含水率尚未达到相对平衡。同时对于入渗区域中相同的位置，黏壤土中

的土壤含水率要高于砂壤土，这也主要是由黏壤土中土壤水分运动速度较慢、土壤保水性较强造成的。

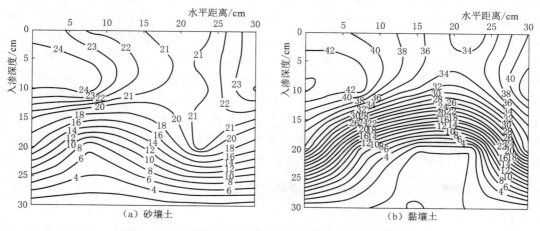

图 6 - 19　沿灌水器布置方向上剖面的含水率（%）分布

6.2　小流量微压滴灌条件下土壤水分运移数值模拟

在 6.1 节里，我们研究了不同灌水器流量对土壤水分运动的影响，结果表明，小流量滴灌有利于土壤水分的垂直运动，而大流量滴灌有利于土壤水分的水平运动；在灌水量相同的条件下，灌水器流量越大，湿润土体内部的平均含水率越高，而灌水器流量越小，湿润土体内部的平均含水率越低；小流量滴灌最终形成的湿润土体的体积比大流量滴灌最终形成的湿润土体的体积要略大一些。由于灌水器流量的不同而导致的土壤水分分布的差异，会直接影响作物根系分布形状和作物的生长状况，并最终影响着作物的产量。因此，在滴灌系统设计中选择适宜的灌水器流量十分重要。而在以往的滴灌系统设计中对灌水器流量的选择却具有一定的随意性，缺乏合理的科学依据。随着电子计算机与软件技术的飞速发展，数值模拟已经成为与观察实验、理论推理相并列的三大科研方法之一，数值模拟为解决这一问题提供了一条新的途径。通过数值模拟的方法，无需大量的实验，即可获得不同灌水器流量下的湿润土体中的水分分布状况，从而可为适宜灌水器流量的确定奠定一定的基础。

国内外学者对滴灌条件下土壤水分运动的数值模拟已进行了大量的研究（李光永等，1996a，1996b，1998；李就好等，2005；赵伟霞等，2007；康银红等，2008；Paice et al.，1996；Zhang et al.，1996；Lubana et al.，1998；Raes et al.，2003；Lipiec et al.，2003；Khumoetsile et al.，2003；Su et al.，2005；Singh et al.，2006；Provenzano.，2007；Zhou et al.，2007），并取得了一系列重要成果，Kozak 等（2003）研究了单点源滴灌条件下的土壤水分运动；Cote 等（2003）等运用 Hydrus - 2D 软件对地下滴灌条件下的土壤水分及溶质运移进行了分析；张振华等（2002）在室内模拟研究了不同灌水器流量、土壤初始含水率和容重条件下，黏壤土点源入渗土壤湿润体水平扩散半径和竖直入渗深度的变化规律；李光永等（1996）根据非饱和土壤水运动理论，建立了地埋点源滴灌条件下土壤水分运动的动力学模型，并进行数值模拟；许迪等（2002）建立了地埋点源土壤水运动和溶质运移数学模型，利用模型进行了地下滴灌条件下砂壤土与壤土的水、肥运动的分布规律描述；李明思等（2006）以等效圆柱湿润体模型为基础，建立了点源滴灌灌水器流量的数学模型，针对模型中各因子随灌水器流量的变化过程进行了实验分析，确定了影响点源滴灌灌水器流量设计的主要因素。这些研究成果无疑对滴灌系统的正确设计提供了重要参考，但是这些成果主要集中在点源滴灌上，然而对于棉花、玉米等株距较小的作物，它们往往要求滴灌土壤湿润区沿毛管形成湿润带，以保证每株作物都能获得水分供应，因此研究滴灌多点源湿润锋交汇情况下的土壤水分运动具有一定的现实意义。本章根据非饱和土壤水动力学理论和多点源滴灌条件下土壤水分运动特征，建立了小流量多点源滴灌条件下土壤水分运动的数学模型，并与室内试验的结果进行了对比。

6.2.1 多点源滴灌条件下土壤水分运动数学模型

6.2.1.1 土壤水分运动方程

在一些实际的滴灌工程中，由于灌水器间距较小，相邻两灌水器之间的湿润锋经常会发生交汇现象，从而形成湿润带。假设土壤是均质、各向同性的刚性多孔介质，不考虑空气及温度对土壤水分运动的影响，也不考虑土壤水分运动的滞后效应，则土壤水分运动可以用 Richard 方程来描述（雷志栋等，1988；邵明安等，2000）：

$$\frac{\partial \theta}{\partial t}=\frac{\partial}{\partial x}\left[K(h)\frac{\partial h}{\partial x}\right]+\frac{\partial}{\partial y}\left[K(h)\frac{\partial h}{\partial y}\right]+\frac{\partial}{\partial z}\left[K(h)\frac{\partial h}{\partial z}\right]-\frac{\partial K(h)}{\partial z} \tag{6-1}$$

式中：θ 为土壤体积含水率，cm^3/cm^3；h 为土壤负压水头，cm；$K(h)$ 为土壤非饱和导水率，cm^3/min；t 为时间，min；x、y、z 为平面坐标，cm；规定 z 向下为正。

6.2.1.2 定解条件

1. 初始条件

$$h(x,z,t)=h_0(x,z) \quad (0\leqslant x\leqslant X,0\leqslant z\leqslant Z,t=0) \tag{6-2}$$

式中：$h_0(x,z)$ 为计算区域的初始土壤负压水头，cm；X 为模拟计算区域的横向最大距离，取 30cm；Z 为模拟计算区域的垂向最大距离，取 40cm。

假定计算区域的初始土壤负压水头均匀分布，可以通过土壤水分特征曲线，将土壤的初始含水量转换为可用来作为数值模拟时的土壤水分初始负压剖面。

2. 边界条件

图 6-20 给出了多点源滴灌条件下土壤水分运动数值模拟计算区域示意图。图 6-20 中的 $A(0,0)$ 及 $B(X,0)$ 分别为两灌水器的位置。

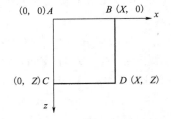

图 6-20 模拟计算区域示意图

AB 边界为上边界，上边界是一个运动的边界，比较复杂，分两种情况考虑：①灌水器流量较小，当灌水器的出流速率小于土壤的入渗速率时，灌水器所供应的水分能在瞬间渗入到土壤中，地表不会形成积水，即地表无积水情况；②当灌水器的出流速率大于土壤的入渗速率时，灌水器所供应的水分不能迅速渗入到土壤中，在地表形成积水，即地表积水情况。

（1）地表无积水情况。

在灌水器处：

$$-K(h)\frac{\partial h}{\partial z}+K(h)+E=\frac{q}{2} \quad (x=0,x=X,z=0)$$ （6-3）

式中：E 为土壤表面蒸发强度，cm/min；q 为灌水器流量，mL/min。

在上边界非灌水器处：

$$-K(h)\frac{\partial h}{\partial z}+K(h)=-E \quad (0<x<X,z=0)$$ （6-4）

（2）地表积水情况。

在地表饱和区：

$$h=0 \quad (0\leqslant x\leqslant R_s,X-R_s\leqslant x\leqslant X,z=0)$$ （6-5）

在地表非饱和区：

$$-K(h)\frac{\partial h}{\partial z}+K(h)=-E \quad (R_s<x<X-R_s,z=0)$$ （6-6）

式中：R_s 为地表积水半径，cm。

在地表积水情况下，关于地表积水半径准确确定的问题，目前仍然是个难点。本章借鉴文献（李久生等，2005）中的方法：先假定地表积水半径为一定值 R_s，用数值方法来模拟土壤水分运动（模拟的水量平衡误差为 0.5% 左右），将土体增加水量与时间的比值近似为灌水器流量 q，然后通过一系列的模拟数据来拟合地表积水半径 R_s 与灌水器流量 q 之间的关系。

由于本章在模型的试验验证部分模拟的是灌水器流量为 0.5L/h 时的砂壤土土壤水分运动情况，灌水器流量小于土壤入渗速率，地表不会出现积水现象，所以在具体的模拟中将采用地表无积水的上边界条件。

CD 边界为下边界，考虑地下水埋深较大的情况，可认为土壤水分及土壤压力水头保持不变，即

$$h(x,z,t)=h_0 \quad (0\leqslant x\leqslant X,z=Z,t>0)$$ （6-7）

AC 边界和 BD 边界分别为左、右边界，由于其对称原因，左右边界上的水分通量为 0，即

$$\frac{\partial h}{\partial x}=0 \quad (x=0 \text{ 或 } x=X,0\leqslant z\leqslant Z,t>0)$$ （6-8）

6.2.1.3 模型的求解

求解土壤水分运动方程有两种方法：一种为解析方法；另一种为数值方法。解析方法即在特定的初始和边界条件下通过求解土壤水分运动偏微分方程，推导出土壤水分运动的确定的函数表达式。解析法可以得到较精确的计算结果，计算公式的物理意义明确，有利于分析各有关因素对土壤水分运动的影响，但是，解析法只适用于简单定解条件下的土壤水分运动问题。由于土壤水分基本方程的非线性，土壤的非均质性和初始、边界条件的复杂性，用解析法求解一般条件下的土壤水分运动问题很困难，研究较为复杂条件下的土壤水分运动问题，当前最有效的方法是采用数值方法。常用的数值方法为

有限差分法与有限元法。

1. 有限差分法与有限元法

数值计算方法只能求解所研究区域内的有限个离散点的未知函数值，因此利用有限差分法与有限元法求解土壤水分运动的第一步是将研究区域离散化，即在研究区域内选择一定数量的离散点，将研究区域划分为较小的单元（吴顺唐等，1993；刘杨等，2008；张文生，2008）。

有限差分法的核心是以差商近似地代替微商，将描述土壤水分运动的偏微分方程变成差分方程，组成可以直接求解的代数方程组。有限元法即用简单的插值函数（多采用线性插值函数）来代替每个单元上的未知函数分布，然后，集合起来形成可以直接求解的代数方程组，由于建立代数方程组的出发点不同，有限单元法又有各种变化：如将求解土壤水分运动的偏微分方程转化为等价的泛函求极值问题——Ritz 法；建立在加权余项基础上的 Galerkin 法；以及根据一般的水均衡概念建立方程组的均衡法。计算机与软件技术的不断进步，为有限差分法与有限元法的发展提供了强有力的技术支持。越来越多的通用软件被开发出来，Hydrus－2D 是其中一款比较成熟和流行的模拟土壤水流及溶质二维运动的商业化软件。

2. Hydrus－2D 软件

利用商业化软件 Hydrus－2D 对数学模型进行数值求解（Simunek et al. ，1999；Skaggs et al. ，2004；Hassan et al. ，2005）。Hydrus－2D 是一个可用来模拟土壤水流及溶质二维运动的有限元计算机模型。该模型的水流状态为二维或轴对称三维等温饱和－非饱和达西水流，忽略空气对土壤水流运动的影响。程序可以灵活处理各类水流边界，包括定水头和变水头边界、给定流量边界、渗水边界、自由排水边界、大气边界以及排水沟等。水流区域本身可以是不规则水流边界，甚至还可以由各向异性的非均质土壤组成。通过对水流区域进行不规则三角形网格剖分，控制方程采用伽辽金线状有限元法进行求解。无论饱和或非饱和条件，对时间的离散均采用隐式差分。采用迭代法将离散化后的非线性控制方程组线性化。Hydrus－2D 采用 VG 模型进行描述，嵌入了 Scott、Kool 和 Parker 经验模型中的假定：吸湿（脱湿）扫描线与主吸湿（脱湿）曲线成比例变化，并运用一个比例程序将用户定义的水力传导曲线与参考土壤相比较，通过线性比例变换，在给定的土壤剖面近似水力传导变量。

Hydrus－2D 程序模块可以顺序嵌套调用，由以下七个基本模块组成（Simunek et al. ，1999；李道西，2003）：

（1）Hydrus－2D：主程序，定义系统的整个计算机环境。它控制整个程序的运行过程，根据需要调用相应的子程序模块。程序执行前，首先需选定模拟选项，包括水流、溶质运移、热运移或是否考虑根系吸水等；然后给定时空单位、土壤水力参数以及用来模拟的边界条件。程序执行后，可输出一系列土壤水力特性曲线、设定观测点处随时间变化的含水率或负压水头曲线，以及沿边界的实际或累积水通量。输出文件还可提供质量平衡信息和逆向最优结果。

（2）Project Manager：该模块用来管理已建立的工程数据，包括打开、删除、重命名工程和保存工程的输入输出数据等。每个工程可能是针对不同的具体问题，Project Manager 会自动将每个工程单独建立一个以工程名命名的文件夹保存相应的工程数据。

（3）Geometry：该模块是一个可用鼠标或键盘图绘水流区域并输出的 CAD 程序，也可通过导入二进制文件的方式实现。水流边界可以由直线、圆、弧或多义线等不同曲线组成；内部边界也可由内部曲线给定，如排水沟、井等。另外，还可以对已绘区域进行修改，如删除、复制、移动、旋转等操作。

（4）Meshgen2D：该模块用来将二维的水流区域离散成不规则的三角形网格。第一步：边界离散化，边界结点数和其密度可由用户自行确定。第二步：整个水流区域的基于 Delaunay 规则的三角形离散化。按照默认的光滑因子，可以将指定的水流区域自动生成最优的三角形有限元网格，例如对于指定的边界结点，它可以生成最小的三角形单元剖分。

（5）Boundary：该模块用来让用户给定特定情况的初始和边界条件，以及取定观测点等。

（6）Hydrus2：该模块是一个可用来模拟二维非饱和土壤水运动的 Fortran 程序。模型可求解含根系吸水源汇项的 Richards 方程，可以灵活处理各类水流边界，包括定水头和变水头边界、给定流量边界、渗水边界、自由排水边界、大气边界以及排水沟等。针对离散化控制方程的系数矩阵的不同形式，采用了不同的求解方法，例如带状矩阵对应高斯消去法；对称矩阵对应共轭梯度法；非对称矩阵对应 Orthomin 法。另外，该程序升级版本还包含了一个参数最优算法，可对各种土壤水力参数从几个观测的数据出发进行逆向估计。对于土壤含水率或负压水头数据，采用 Marquardt – Levenberg 非线性最优化技术估算土壤水分特征曲线中的经验参数；对于持水或导水率数据，则将待优参数通过罚函数约束在某个可行区域（贝叶斯估计），然后寻求最优。

（7）Graphics：该模块用来将输出结果表示成图形。图形包括等值线图、光谱图、流速矢量图以及等值线图和光谱图的随时间变化的动画显示等。

根据土壤入渗的试验设计，本书中模型模拟区域为一个长（垂向）40cm，宽（横向）为 30cm 的矩形区域，采用矩形网格（0.5cm×0.5cm）对计算区域进行剖分，由于两灌水器出水流量变化梯度较大，故在两灌水器处适当对网格进行加密。模拟时段为 960min，采用变时间步长计算，初始时间步长为 1min，最小和最大时间步长分别为 5min 和 10min。

6.2.2 模型的试验验证

6.2.2.1 试验材料与方法

1. 供试土壤

试验供试土壤为砂壤土，取自杨凌渭河一级阶地，取土层次为 0～50cm。土壤的一些基本物理参数如表 6-2 所示。

表 6-2 砂壤土基本物理参数表

干容重/(g/cm³)	土壤颗粒组成/%		
	黏 粒	粉 粒	砂 粒
1.44	2.65	14.31	83.04

土壤水分特征曲线 $\theta(h)$ 和非饱和土壤导水率 $K(h)$ 采用 Van Genuchten 模型进行拟合（Van Genuchten，1980）：

$$\theta(h)=\left\{\theta_r+(\theta_s-\theta_r)/[1+|\alpha h|^n]^m \quad h<0\right.$$

$$\theta_s \qquad\qquad\qquad h\geqslant 0 \tag{6-9}$$

$$K(h)=K_s S_e^l\left[1-(1-S_e^{\frac{1}{m}})^m\right]^2 \tag{6-10}$$

其中

$$S_e=(\theta-\theta_r)/(\theta_s-\theta_r) \tag{6-11}$$

$$m=1-\frac{1}{n}, \quad n>1 \tag{6-12}$$

式中：θ_s 为土壤饱和含水率，cm^3/cm^3；θ_r 为土壤残余含水率，cm^3/cm^3；K_s 为土壤饱和导水率，cm^3/min；S_e 为有效含水量（饱和度）；n、m 和 α 为经验参数；l 为孔隙关联度参数，一般取 0.5。

试验中所用的砂壤土的 VG 模型参数见表 6-3。

表 6-3　　　　　　　　　供试土壤水分特性的 VG 模型参数

土壤类型	$\gamma_d/(g/cm^3)$	$\theta_r/(cm^3/cm^3)$	$\theta_s/(cm^3/cm^3)$	α/cm^{-1}	n	$K_s/(cm^3/min)$
砂壤土	1.45	0.0491	0.4528	0.0417	1.8194	0.4348

2. 试验装置

同 6.1.1.2 节试验装置。

3. 试验方法

为了使模拟试验更接近于田间实际滴灌情况，本试验采用四个灌水器进行滴灌，重点观测中间两个灌水器的湿润锋运移和交汇情况，并监测其土壤水分分布的动态变化趋势。为了便于试验的观测，取滴灌湿润体的 1/2 为研究对象，即将四个灌水器分别布置在试验土箱的同一个较长边上，灌水器间距为 30cm，在每次试验开始前，通过调节马氏瓶进气孔和出气孔的开度使四个灌水器的流量一致，并达到试验所需的流量。

试验前将风干土壤过 2mm 筛，按实测土壤的平均干容重分层装填土箱，每层厚度 10cm，并在填土过程中埋设探针传感器，探针传感器分四组，每组 15 只，分层布置在土体中，从土体表面开始向下布置，每 10cm 一层，装填完毕的土箱让其平衡 24h，以便获得均匀的初始土壤含水率剖面。在入渗过程中按照先密后疏的原则，通过固定在试验土箱外壁水平和垂直方向的钢尺观测湿润体水平和垂直湿润锋随时间的变化过程，灌水开始后 4h 内每 10min 记录一次，灌水 4~8h 每 30min 记录一次，灌水 8h 之后每 60min 记录一次。试验结束后取土，用烘干法测定所取土样的含水量，对水分测试仪测量数据进行验证。

6.2.2.2　模拟与试验结果的对比与分析

1. 湿润锋的运移

图 6-21 给出了砂壤土在灌水量为 4L、灌水器流量为 0.25L/h（因为试验中是将滴灌湿润体的 1/2 作为研究对象，所以试验中采用的 0.25L/h 的灌水器流量实际上相当于田间实际

滴灌中的 0.5L/h 的灌水器流量，而试验中的灌水量实际上相当于 8L 的实际滴灌灌水量）时湿润锋交汇前水平运移距离与时间关系的模拟情况和实测情况。从图 6-21 中可以看出，在实测情况下，湿润锋在 270min 时相交汇，在模拟情况下，湿润锋在 246min 时相交汇，模拟交汇时间与实测交汇时间的相对偏差为 8.89%；在入渗开始后的一段时间内，相同时刻下的湿润锋水平运移距离的实测值比模拟值要稍大一些，随着入渗时间的延长，两者的差值逐渐减小，但是当入渗时间超过 118min 时，相同时刻下的湿润锋水平运移距离的实测值比模拟值又要稍小一些。图 6-22 给出了砂壤土在灌水量为 4L、灌水器流量为 0.25L/h 时湿润锋入渗深度与时间关系的模拟情况和实测情况。从图 6-22 中可以看出，在实测情况下，当灌水结束时（灌水时间为 960min），湿润锋的入渗深度为 27.7cm，在模拟情况下，灌水结束时湿润锋的入渗深度为 30.3cm，模拟入渗深度与实测入渗深度的相对误差为 9.39%；在入渗开始后的 360min 内，入渗深度的模拟值与实测值的吻合较好，当入渗时间超过 360min 时，两者的差异逐渐增大，但是当灌水结束时两者的相对误差也仅为 9.39%，这说明湿润锋运移的数值模拟能较好地反映湿润锋运移的实际情况。

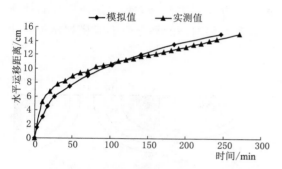

图 6-21　湿润锋交汇前水平运移距离与时间的关系　　图 6-22　湿润锋交汇前入渗深度与时间的关系

2. 湿润体内土壤水分的分布

图 6-23 给出了灌水量为 4L、灌水器流量为 0.25L/h 时，砂壤土土壤水分入渗的模拟过程。坐标系中的（0，0）点及（30，0）点为两灌水器的所在位置。从图 6-23 中可以看出，入渗开始后的一段时间内，入渗情况遵循点源入渗规律，在两灌水器下方土壤沿灌水器布置方向的垂直剖面上（即模拟的计算域上）的含水率等值线近似为 1/4 椭圆形，随着入渗的不断进行，水分逐渐由灌水器向外扩散，湿润范围不断扩大，当入渗时间超过 4h 后，湿润区开始交汇融合，除在两个灌水器下方土壤含水率较高的区域还保留着独立的近似于 1/4 椭圆形的含水率等值线外，在湿润区下部两条相等的含水率等值线融合成一条曲线，并且随着入渗的不断进行而向下移动，而且曲线的形状也逐渐由"屋脊形"转变为近似水平直线的形状，当入渗时间达到 16h（即入渗结束）时，除在灌水器下方还保留着近似于 1/4 椭圆形的高含水率区域外，在湿润区下方含水率大体呈水平带状分布。图 6-24 给出了灌水量为 4L、灌水器流量为 0.25L/h 时，砂壤土土壤水分入渗的实测过程。对比图 6-23 和图 6-24，可以看出，模拟的土壤水分入渗过程与实测的入渗过程基本吻合，均遵循点源入渗、湿润区交汇和最终形成湿润带的演变规律。但是由于在进行土

壤水分运动数值模拟时作了如下假定：假设土壤是均质、各向同性的刚性多孔介质，不考虑空气及温度对土壤水分运动的影响，也不考虑土壤水分运动的滞后效应，所以图 6-23 中模拟的土壤含水率等值线的形状较图 6-24 中实测的土壤含水率等值线的形状规则、对称。从图 6-23 与图 6-24 中还可以看出，当入渗时间为 1h、2h、4h 时，湿润区内部土壤含水率模拟值与实测值的差异较小，最大值均在 30%～35%；入渗时间为 8h 与 16h 的时候，湿润区上部土壤含水率的模拟值要比实测值小一些。造成这一差异的原因也是多方面的：①在土壤水分运动数值模拟时进行了假定，假定土质均匀、各向同性，并且忽略了土壤水分运动的滞后效应及空气和温度对土壤水分运动的影响，但是在实际情况中，这些假设并不成立；②在对土壤水分运动的数学模型求解时需要用到土壤水分特征曲线 $\theta(h)$ 和非饱和土壤导水率 $K(h)$，由于基质势和含水率的关系非常复杂，到目前为止还没有满意的理论可以从基本的土壤性质预测基质势与含水率的关系，模型求解时所用的水分特征曲线 $\theta(h)$ 和非饱和土壤导水率 $K(h)$ 均是采用经验模型来拟合的，只能近似地来反映基质势与含水率及非饱和土壤导水率的关系，从而最终影响了土壤水分运动数值模拟的精确性；③对土壤水分运动数学模型求解所采用的数值方法为有限差分法，有限差分法就是以差商近似地代替微商，将描述土壤水分运动的偏微分方程变成差分方程，组成可以直接求解的代数方程组。在求解过程中，时间步长的选取和空间网格的划分也会对模拟结果产生一定的影响。

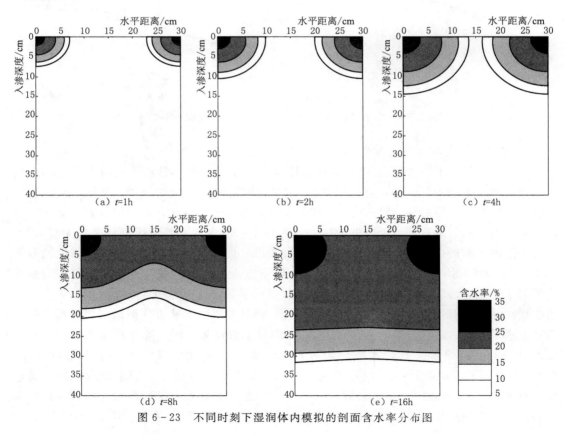

图 6-23　不同时刻下湿润体内模拟的剖面含水率分布图

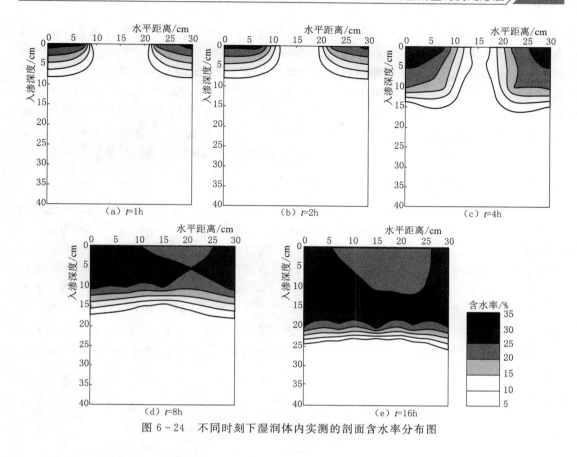

图 6-24　不同时刻下湿润体内实测的剖面含水率分布图

6.3　灌水器适宜流量的确定方法

　　灌水器流量不仅影响着滴灌系统的投资，而且对滴灌湿润体的形状、大小以及湿润体内的土壤水分分布有着重要的影响，即使在同一土壤类型及同一灌水定额下，如果灌水器流量不同，其湿润体的形状、大小，尤其是湿润体内的土壤水分分布也有着明显的不同，当灌水器流量较小时（灌水器流量小于土壤水分的入渗速率），滴灌形成的湿润土体，相对于较大的灌水器流量而言，深而窄，而当灌水器流量较大时（灌水器流量大于土壤水分的入渗速率），由于灌水器下方产生积水区，所以形成的湿润土体宽而浅，另外，较小流量滴灌形成的湿润土体的体积比较大流量滴灌形成的湿润土体的体积要略大一些，而其湿润土体内的平均含水率也比较大流量滴灌时的湿润土体内的平均含水率要小。这些因灌水器流量不同而带来的土壤水分分布的差异最终又会对作物根系的生长及产量产生重要的影响。研究表明，土壤水分含量过高或过低，都不利于作物产量和水分利用效率的提高，只有适中的土壤水分含量才可以明显地提高作物的水分利用率和产量（陈家宙等，2001），因此，滴灌系统设计中对灌水器流量的选择至关重要。所以，国内外许多学者研究了灌水器流量对土壤湿润体的影响，并从中寻找一些规律，以指导确定滴灌设计的合理流量。目前的研究主要集中在点源滴灌领域。如通过实验利用统计学方法可以得出纯经验模型，并以此为依据选择灌水器流量，此方法虽然计算简便，但具有明显的局限性，模型中的系数和指数随土壤质地变化较大，而滴灌的应用环境条件又千差万别，某一试验结果并不具有代表性，难以满足不同滴灌应用对象的具体要求，因此需要针对不同土壤、不同作物，进行大量滴灌试验才能使该方法准确应用，但是这样却需要投入大量的人力、物力。因此准确、简便地确定灌水器流量的方法到目前仍未解决。在现行的滴灌系统设计中，对灌水器流量的选择和设计只能根据经验来定性确定，比如：对于黏壤土，可能会选择流量较小的灌水器，而对于砂壤土，可能会选择流量较大的灌水器，而缺乏明确的科学依据和方法。

6.3.1　灌水器适宜流量确定的总体思路

随着电子计算机与软件技术的飞速发展，数值模拟已经成为了与观察实验、理论推理相并列的三大科研方法之一，数字模拟为解决这一问题提供了一条新的途径。利用成熟的土壤水分运动计算软件，无需进行大量的实验，通过计算机模拟即可以获得不同灌水器流量下、滴灌湿润体中土壤水分的分布情况，再以不同作物适宜的土壤含水量为依据，可以从不同的设计流量中选择该种作物的适宜流量，另外只需简单的改动模型中的参数，就可以模拟不同土壤的水分入渗情况，从而确定不同土壤、不同作物情况下适宜的灌水器设计流量。另外还可以根据优选得到的灌水器设计流量的较理想区间，采用更小的流量步长再进行进一步的模拟，从而选择更精确的灌水器设计流量。灌水器适宜流量确定的具体流程见图 6-25。

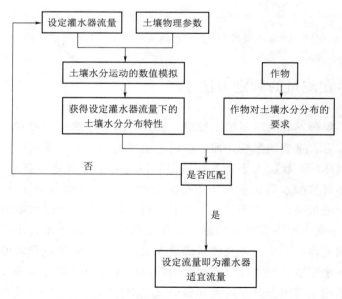

图 6-25　灌水器适宜流量确定的流程图

6.3.2　土壤含水量匹配的原理与方法

计算机数值模拟技术可以快速地确定某一灌水器流量下，某一土壤内部的含水率分布情况，但是这种情况是否与作物生长需要的理想情况相匹配，这就要求将作物生长需要的理想的含水率分布情况作为目标值，通过一定的数学方法计算不同灌水器流量情况下土壤含水率空间分布与目标值的相似情况，再通过优选法从中确定最相似的土壤含水率空间分布及相应的灌水器流量。在统计学中，两组不同数据之间的相似性可以通过距离来反映。土壤含水率的空间分布是由无数个点的含水率组成的，无穷多个数据之间的距离无法计算，因此必须从中选择出一些具有代表性的点，以其含水率构成向量，然后再计算该向量与目标向量之间的距离，以此来表示不同灌水器流量下土壤含水率空间分布与目标值之间的相似情况。统计学中表示两向量之间距离的方法有很多，如马氏距离、绝对值距离、闵科夫斯基距离和欧氏距离等。这些方法有各自的优点及其适用性，其中欧氏距离是应用较为广泛的一种距离算法，欧氏距离用公式可表示为（袁志发等，2002）

$$d_{ij}^2 = \left(\sum_{k=1}^{m} |x_{ik} - x_{jk}|^2 \right)^{1/2} \tag{6-13}$$

式中：d_{ij} 为欧氏距离；x_{ik} 为待判断样品，此处指某一灌水器流量下的土壤含水率的空间分布；x_{jk} 为判断目标，此处指作物所要求的土壤含水率的空间分布。

6.3.3　作物对土壤水分分布的要求

作物对土壤含水率空间分布的要求是判断灌水器适宜流量的标准，是通过计算机数值模拟确定灌水器适宜流量方法中的重点与难点问题之一。不同的作物对土壤含水率都有不同的要求，如果超过适宜含水率的上限值，水分过多反而不利于作物的生长，因此灌溉过程中，适宜含水率上限可以作为一个判断标准，在补充土壤水分的过程中，要尽量使土壤含水率保持在适宜状态，以避免土壤含水率过高对作物的不利影响。当然确定适宜的土壤含水率空间分布还要考虑土壤含水率与根系吸水之间的关系以及与土壤表面蒸发之间关系等，总之这一问题是非常复杂的，目前的研究还远远不够，需要进一步的深入研究与探讨。

下面以一个具体的实例来对上述灌水器适宜流量的确定方法进行详细阐述。

例：以辣椒种植为例，种植土壤为黏壤土，其基本物理参数和水分特征的 VG 模型参数见表 6-4 和表 6-5，辣椒株行距为 30cm×50cm，采用滴灌对辣椒进行灌溉，灌水器间距为 30cm，经计算，每个灌水器的灌水量为 10L，试通过辣椒对土壤水分分布的要求及上述确定灌水器适宜流量的方法来确定滴灌条件下辣椒适宜的灌水器流量。

表 6-4　　　　　　　　　　　**黏壤土基本物理参数表**

田间持水量/%	干容重/(g/cm³)	土壤颗粒组成/%		
		黏　粒	粉　粒	砂　粒
24.67	1.25	5.46	29.26	65.28

注　田间持水量为重量含水率。

表 6-5　　　　　　　　　　　**黏壤土水分特征的 VG 模型参数**

土壤类型	γ_d/(g/cm³)	θ_r/(cm³/cm³)	θ_s/(cm³/cm³)	α/cm⁻¹	n	K_s/(cm³/min)
黏壤土	1.25	0.085	0.5094	0.0322	1.3286	0.4906

1. 不同灌水器流量下的土壤水分分布的数值模拟

通过前文中的土壤水分运动数值模拟的方法，可以获得灌水量为 10L，灌水器流量分别为 0.5L/h、1L/h、1.5L/h 和 2L/h 下的土壤水分分布状况，如图 6-26 所示。从图 6-26 中可以看出，灌水器流量越小，入渗深度越大，模拟区域中相同点上的土壤含水率的值越小。

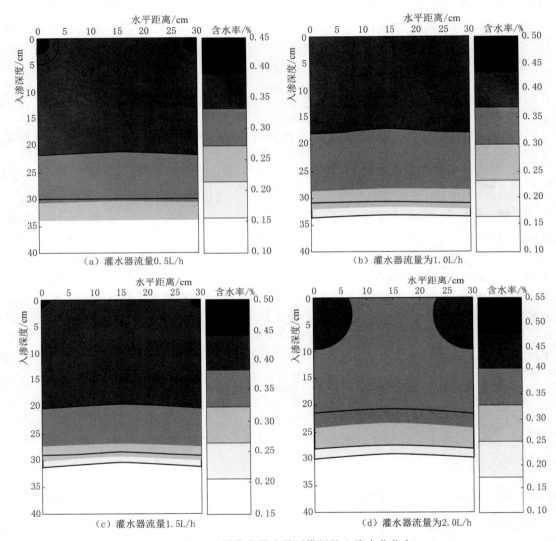

（a）灌水器流量0.5L/h　　　　　　　　（b）灌水器流量为1.0L/h

（c）灌水器流量1.5L/h　　　　　　　　（d）灌水器流量为2.0L/h

图 6-26　不同灌水器流量下模拟的土壤水分分布

土壤水分运动数值模拟的目的是将不同流量下的土壤含水率分布情况与作物要求的适宜情况进行比较，从中优选出适宜的灌水器流量；但是计算域中的土壤含水率是由无穷多个数据组成的，两组无穷多的数据无法直接进行比较，因此只能从无穷多的数据中选取若干个有代表性的数据进行比较，从计算域中选取了 10 个不同的点，不同灌水器流量下模拟区域中各坐标点的土壤含水率见表 6-6。

表 6 - 6　　　　　　　　不同灌水器流量下模拟区域中各坐标点的土壤含水率

坐 标 点	灌水器流量/(L/h)			
	0.5	1	1.5	2
点 1 (0, 10)	38.61	42.33	43.82	44.96
点 2 (10, 10)	37.97	41.59	42.97	44.07
点 3 (20, 10)	37.97	41.58	42.96	44.06
点 4 (30, 10)	38.59	42.31	43.79	44.94
点 5 (0, 20)	35.59	39.15	40.01	40.82
点 6 (10, 20)	35.46	38.97	39.73	40.45
点 7 (20, 20)	35.45	38.96	39.72	40.44
点 8 (30, 20)	35.58	39.13	39.98	40.80
点 9 (10, 30)	28.77	29.97	19.12	14.07
点 10 (20, 30)	28.75	29.95	19.35	14.07

注　表中的土壤含水率为体积含水率,%。

2. 辣椒对土壤水分分布的要求

辣椒的根系较浅,再生能力弱,对水分要求较为敏感,土壤含水率过高或过低对辣椒的生长都不利,而且生长期正值炎热的高温季节,水分蒸发量大,所以选择合适的灌溉指标,使土壤含水率保持在适宜的范围内,对合理制定辣椒灌溉制度,实现高产和节水具有重要意义。目前,灌溉指标的研究主要集中在灌溉土壤水分下限,即灌水始点的研究(架雨时,1990;诸葛玉平等,2002;张万清,1996;曾向辉等,1998;Janoudi et al.,1993;Graaf et al.,1998),对灌溉水分上限研究较少。王宝英(1996)研究发现,85%~90%田间持水量作为作物适宜的土壤水分上限指标,既可以使计划湿润层内的土壤水分比较适宜作物生长,有利于作物获得高产,又可以避免水分浪费,实现节水目的。郭富常等(1993)研究认为当增加灌水量使土壤湿度稳定在田间最大持水量的40%~50%时,能显著提高叶绿素含量和净光合速率,从而实现较大幅度增产的目的。高庆芳(1992)研究发现,辣椒生长前期85%田间持水量,产量最高,结果盛期90%田间持水量产量最大。黄兴学(2002)等综合分析认为,在温室辣椒栽培中,土壤水分上限值以开花坐果期90%田间持水量,盛果期95%田间持水量,有利于节水、增产。霍海霞等(2008)通过试验研究发现,80%田间持水量为适宜的灌水上限。

根据上述研究,初步拟定85%田间持水量为辣椒适宜的土壤含水率,本书中黏壤土的田间持水量为24.67%(重量含水率),85%的田间持水量即为20.97%,将其与模型计算得到不同灌水器流量下的土壤含水率空间分布向量进行两两比较,计算二者之间的欧氏距离,某个灌水器流量下土壤含水率空间分布向量与适宜含水率判断向量之间距离最短,该灌水器流量即为较理想的灌水器流量。

3. 欧氏距离的计算

以田间持水量的 85％作为辣椒适宜的土壤含水率，即为 26.22％（体积含水率），假定辣椒根系湿润区中各点上的土壤含水率均为 26.22％，利用表 6-6 中的土壤含水率的模拟数据，并代入式（6-13）中，即可得到四种不同灌水器流量下（0.5L/h、1L/h、1.5L/h 和 2L/h）的欧氏距离，分别为 30.71、40.98、47.09 和 49.66，以欧氏距离最短作为判断标准，则 0.5L/h 的灌水器流量即为本例条件下辣椒滴灌时的较为理想的灌水器流量。

第 7 章

小流量微压滴灌技术应用效果

任何灌水技术都是以应用为目标的，目的是为了有效地给作物生长提供所需要的水分，以提高作物的产量及水分利用效率。灌水技术不同，其应用效果也不同。通过前几章的研究发现，小流量微压滴灌不仅对降低系统成本和提高系统灌溉质量有着重要的作用，而且当灌水量相同时，小流量滴灌与大流量滴灌在湿润锋运移、湿润体的形状以及湿润体内部含水率的分布方面有着明显的不同，这些不同将对作物的生长和耗水产生重要影响，进而最终会影响到作物的产量和水分利用效率。因此，脱离作物而孤立地、简单地对某一灌水技术本身进行研究是毫无意义的，任何新生的灌水技术都必须接受生产实践的检验，所以，在小流量微压滴灌技术研究中，也不能只局限于系统内部，不能孤立地就水论水，需要将滴灌系统与土壤和作物结合起来，作为一个有机的整体来研究。

为此，本章通过小流量微压滴灌条件下温室生菜、室外盆栽辣椒以及大田苹果等试验，分析了小流量微压滴灌对作物生长及产量和品质的影响，以探究小流量微压滴灌技术实际应用效果，这是小流量微压滴灌技术推广应用前的重要基础性工作。

7.1 温室生菜试验

7.1.1 试验材料与方法

1. 试验设计

试验于 2016 年在陕西杨凌西北农林科技大学科研温室内进行。试验因素为灌水器设计流量，有 3 个水平，分别为 0.72L/h、1.87L/h 和 4.40L/h（指工作压力为 0.2m 时空气中测定的流量），共有 3 个处理，为下文叙述方便，分别记为 SY1、SY2 和 SY3，每个处理重复 3 次，共有 9 个试验小区，每个小区长 3.2m，宽 1.8m，采用随机组区排列。每个小区埋设两条毛管，每条毛管上安装 8 个灌水器，共 16 个。由于温室灌溉水质较好，灌水器选用课题组自主研发的管下式微孔陶瓷灌水器（图 7-1），该灌水器为圆柱形腔体结构，尺寸为 4cm×2cm×5cm×6.8cm（外径×内径×内径深×高），灌水器埋深为 15cm。每个小区设置一套恒定水压供水系统，主要由马氏瓶、连接软管、供水管道、排气管、止水夹和微孔陶瓷灌水器等组成，如图 7-2 所示，为了实现微压滴灌，马氏瓶供水压力为 0.2m，并通过马氏瓶上的刻度线来记录灌溉水量。供试土壤为黏壤土，田间持

水量为 $0.381cm^3/cm^3$。供试作物为生菜，选用本地常见品种"皇后"，株行距为 20cm×20cm，生菜于 2015 年 12 月 30 日定植，定植密度约为 83000 株/hm²，定植前使各小区土壤保持相同的湿润程度。

图 7-1　管下式微孔陶瓷灌水器

图 7-2　恒定水压供水系统

2. 监测指标

（1）生菜生长指标。在生菜生长期内，每隔 3 天从每个小区随机选取 10 株生菜，测量最长的叶片长度、叶宽、株高，并取其平均值。

（2）土壤含水率。在生菜生长的中期，用 TDR 法测土壤含水率随时间的变化规律。用土钻取一次各小区灌水结束后 1h 的 40cm、60cm、80cm、100cm 土壤，并烘干，计算出各层土壤含水率。

（3）根系扫描。每个小区随机采取 5 株生菜根部进行扫描，并用软件处理后得到根系表面积及体积数据，观察根系生长状况。

（4）生菜产量。将每个小区的生菜从与地面接触处的根部以上割下，将每个处理的生菜分类装袋，随即测量每个袋中生菜重量，再根据每个小区面积 3.2m×1.8m，计算出每个处理的生菜产量。

7.1.2　对生菜植株生长的影响

从图 7-3 可以看出，采用 3 种不同设计流量微孔陶瓷灌水器对生菜进行灌溉，植株生长规律较为一致，总体株高、叶长、叶宽均随着植株生长进程逐渐增加。生长过程中，SY3 处理下的生菜植株在植株株高、叶长、叶宽上数值一直都处于最低，SY2 处理下的植株有时在株高、叶长和叶宽的数值上会超过灌水器 SY1 处理的生菜植株，但在各指标数值上 SY1 处理要高于 SY2 处理。SY1 处理下叶宽、株高和叶长分别高出 SY2 处理 10％、7％、8％，相同指标高出灌水器 SY3 处理 22％、18％、38％，并且数值差异较明显；SY2 处理的植株叶宽、株高和叶长分别高出 SY3 处理 15％、16％、26％，数值差异明显。这说明，三种处理下的生菜生长规律一致，生长速率不同。将 SY1 处理与 SY2 处理比较可以发现，SY1 处理的生菜生长速率更快，但两者在生长过程中叶宽、叶长、株高指标上相近，各指标的增长速率差异不大。SY3 处理则在三种指标的增长速率上均明显低于 SY1 与 SY2 处理，其生长状况的差异在生长过程中逐渐显现出来。因此，采用较小的灌水器流量（0.72L/h）有利于生菜生长。

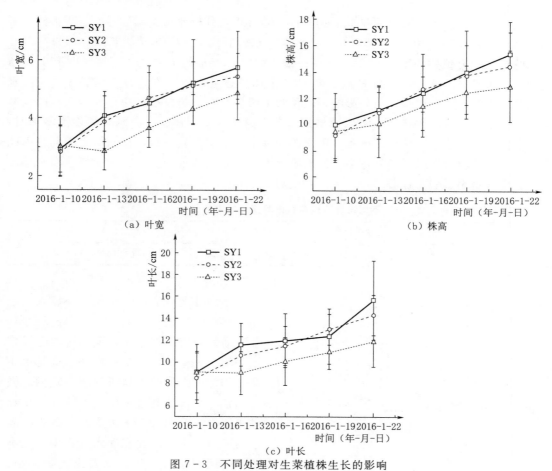

图 7-3　不同处理对生菜植株生长的影响

7.1.3　对生菜产量和水分利用效率的影响

生菜产量是反映灌溉效果最重要的指标。表 7-1 给出了各处理生菜产量与水分利用效率。由表 7-1 可知，不同处理下的生菜产量有明显差异，其中 SY1 处理生菜产量最高，为 1168.5kg/亩；SY2 处理次之，为 1100.7kg/亩；SY3 处理最少，仅为 916.8kg/亩。SY1 处理生菜产量比 SY2 和 SY3 处理分别高出 6.2％和 27.5％。从水分利用效率来看，也是 SY1 处理最高，分别较 SY2 和 SY3 处理高出 18.3％和 58.7％。由此进一步说明，采用小流量灌溉对提高生菜产量具有重要作用。这可能因为小流量灌溉土壤不易板结，更利于土壤保持较好的通气性，从而促进增产。

表 7－1　　　　　　　　　不同处理生菜产量与水分利用效率

处 理	平均产量/(kg/亩)	平均灌溉水量/(m³/亩)	水分利用效率/(kg/m³)
SY1	1168.5	35.4	33.0
SY2	1100.7	39.5	27.9
SY3	916.8	44.1	20.8

应用统计软件 SPSS 22 对试验数据进行方差分析，分析灌水器流量对各监测指标的影响，结果见表 7－2。由表 7－2 可知，灌水量、水分利用效率及生菜生长指标（株高、叶长和叶宽）的 P 值皆小于 0.01，均达到极显著水平；产量的 P 值为 0.024（小于 0.05），达到显著水平；土壤含水率的 P 值是 0.42，未达到显著水平。方差分析结果表明，灌水器流量对生菜生长和产量有明显影响，但是对土壤含水率影响较小。这是因为微孔陶瓷灌水器出流过程中，灌水器的入渗流量与其周围土壤含水率相耦合，灌溉时间逐渐增加时，灌水器周围土壤含水率接近于饱和。由于各处理小区土壤性质一致，保水能力相同，因此在不同灌水器流量情况下各处理小区的土壤含水率分布也接近于一致，从而使得灌水器流量对土壤含水率影响不显著。

表 7－2　　　　　　　　　不同设计流量与各试验指标的方差分析

指　标	灌水量	产量	叶长	叶宽	株高	水分利用效率	土壤含水率
显著性水平 P	0.001**	0.024*	0.002*	0.023*	0.014*	0.03*	0.42

注　＊代表显著，＊＊代表极显著。

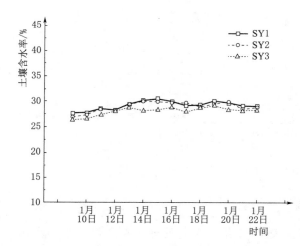

图 7－4　不同处理下的土壤含水率随时间的变化

不同处理灌水量的差异也会体现在土壤含水率的变化中。由图 7－4 可以看出，随着灌溉时间增加，各处理小区的土壤含水率均值先稳定，后略有增加。这是由于微孔陶瓷灌水器的工作机理所决定的。微孔陶瓷灌水器灌溉过程中，土壤含水率和灌水器出流量耦合，土壤含水率越大，灌水器流量越小。因此在灌水过程中，土壤含水率逐渐增大导致灌水器出流量减小，灌水器周围土壤含水率维持在饱和含水率附近，距离灌水器越远，土壤含水率越低，整个湿润体范围内的含水率基本变化不大。随着生菜的生长，耗水量越来越大，导致各处理小区内的土壤含水率有一定的波动，促使灌水器出流，补充土壤消耗的水分，达到含水率稳定的效果。由表7-1和图7-4也可以看出，SY3处理的灌水量最大，但其土壤含水率与其他两个处理差别不大，究其原因可能在于SY3处理灌水器流量最大，在初始入渗阶段，可能使得灌水器周围土壤结构发生破坏，水分向深层发展概率较大，极易形成深层渗漏，造成水量浪费（唐小明，2012）。

7.1.4 土壤含水率变异系数对生菜生长和产量的影响

表7-3为土壤含水率变异系数与生菜生长指标之间的关系，由表7-2和表7-3可以看出，设计流量对土壤含水率的影响不显著（刘亭亭，2016）。但是设计流量越大、土壤含水率的变异系数越大。各处理小区生菜植株之间的生长指标呈现出的差异性受土壤含水率的影响，而采收时生长指标的优劣也能反映产量的多少。由表7-3可知，SY1、SY2、SY3三个处理的变异系数依次增大且系数值间差异较大，而生菜生长指标株高、叶长及叶宽的标准差值依次升高，表明三个处理间的生菜植株生长指标离散性中，SY1处理的离散程度最小，SY3最大。在土壤含水率的变异系数方面，结合两者变化得出，随着土壤含水率变异系数增高，其生长指标的标准差也伴随升高。原因可能是各个处理间单株的生长指标差异性受土壤含水率均匀性的影响，土壤含水率均匀性好的处理对整个小区供应的水分可以使大部分生菜植株的根系吸收足够的水分，生菜植株之间的长势也会均匀；而均匀性差的处理则会造成局部水分充足、局部水分不足的情况，会使单株生菜的生长状况产生较大的差异，长势不均匀，从而影响到产量的差异。

表7-3　　　　　　　　　土壤含水率变异系数与生菜生长指标的标准差之间的关系

土壤含水率 C_v	σ株高	σ叶长	σ叶宽
15%（SY1）	2.30	1.99	0.89
22%（SY2）	2.59	2.41	1.01
56%（SY3）	2.72	2.56	1.06

注　C_v 为变异系数，σ 为标准差。

同一处理小区的土壤含水率不均匀对产量会产生一定影响。结合表7-1和表7-3，对土壤含水率进行变异系数分析，并同时与产量进行对比，可知土壤含水率变异系数增大时，产量随之变小，原因可能是SY1处理的土壤含水率均匀性要优于SY2及SY3处理，能保证小区内各株生菜都能在相同土壤水分环境中生长，生长状况较一致，单株产量差异不明显；而SY2和SY3处理的土壤含水率变异系数依次增大，即土壤含水率分布均匀性依次降低，因此SY2和SY3处理的单株产量差异较显著，因此产量也受到影响。

综上，温室生菜采用较小流量灌溉时，能促进生菜生长，有利于提高其产量。

7.2 室外盆栽辣椒试验

7.2.1 试验材料与方法

1. 试验区基本情况

试验在国家节水灌溉杨凌工程技术研究中心的节水基地进行，该基地地处陕西杨凌境内，属于暖温带半湿润季风气候区，年平均温度为 12.9℃，极端最高气温 42℃，极端最低气温—19.4℃，全年无霜期 221 天，年平均蒸发量 884.0mm，年平均降水量 637.6mm，年内降雨分配不均，60％集中在 7—10 月，年际变化大，丰枯比为 3.0，变异系数为 0.25。

2. 试验材料

采用盆栽试验，试验用盆直径为 20cm，高度为 30cm，盆土取自于大田 20cm 耕层，质地为黏壤土，干容重为 1.25g/cm³，田间持水量为 24.67％（重量含水量），土壤风干过筛，用 1g 感量的电子天平称取风干土壤 16kg，再加入 15g 复合肥和适量的杀菌药于土壤中，搅拌均匀后装入盆中，每盆均同；在每盆装土之前，分别对其进行编号，称其重量，并记录下来；供试作物为 2166 线辣椒，它是生长于黄土高原的一种主要辣椒品种，株型矮小，抗旱性强。根据当地的辣椒种植经验，于 2008 年 3 月初育苗，5 月 13 日移栽定植，移栽时，选取生长均匀、大小一致的辣椒幼苗，称其重量后，每盆 1 穴栽植 3 株，适当灌水以保证辣椒的存活，前期每盆灌水量相同，6 月 12 日开始控水试验。为了有效地控制土壤水分，试验在遮雨棚下进行。

3. 试验方法

试验采用 4 种不同的灌水器设计流量：0.5L/h、1L/h、1.5L/h、2L/h。2L/h 的设计流量作为对照试验，按照常规的滴灌方法确定其灌水定额（即每次的灌水量），灌水定额按式（7-1）计算（汪志农，2000）：

$$m_设 = 0.1(\beta_田 - \beta_0)Hp\gamma \qquad (7-1)$$

式中：$m_设$ 为设计灌水定额，mm；$\beta_田$、β_0 分别为土壤田间持水量和灌前土壤含水率（即作物允许的土壤含水率下限）；γ 为土壤干容重，t/m³；H 为土壤计划湿润层深度，m；p 为土壤计划湿润比，％。

灌水周期由作物允许的土壤含水率下限（相当于田间持水量的 60％）确定，当盆土的含水量达到下限含水量时即进行灌溉。

当设计流量为 0.5L/h、1L/h 和 1.5L/h 时，每种流量采用 4 种不同的处理，一种是灌水定额和灌水周期与对照试验相同；其他三种的灌水定额分别采用 $1/3m_设$、$2/3m_设$ 和 $m_设$，灌水周期仍由土壤下限含水量确定，当盆土的含水量达到下限含水量时即进行灌溉。试验共 13 个处理，每个处理重复 3 次，共 39 组试验，即种植 39 盆辣椒，辣椒盆栽试验处理见表 7-4。

表 7-4　　　　　　　　　　　　　辣椒盆栽试验处理表

处　理	灌水器设计流量/（L/h）	灌水定额/L	灌　溉　周　期
CK	2.0	1.5	按土壤含水量的下限确定
A1	0.5	1.5	与对照试验相同
A2	0.5	1.5	按土壤含水量的下限确定
A3	0.5	1.0	按土壤含水量的下限确定
A4	0.5	0.5	按土壤含水量的下限确定
B1	1.0	1.5	与对照试验相同
B2	1.0	1.5	按土壤含水量的下限确定

处　理	灌水器设计流量/(L/h)	灌水定额/L	灌溉周期
B3	1.0	1.0	按土壤含水量的下限确定
B4	1.0	0.5	按土壤含水量的下限确定
C1	1.5	1.5	与对照试验相同
C2	1.5	1.5	按土壤含水量的下限确定
C3	1.5	1.0	按土壤含水量的下限确定
C4	1.5	0.5	按土壤含水量的下限确定

　　试验采用医用注射针头模拟灌水器为辣椒植株供水，并利用马氏瓶向灌水器供水，以维持恒定的灌水器流量。同时通过调节马氏瓶进气孔、出气孔的开度来控制灌水器的流量，为了保证灌水器流量的准确性，在每次给辣椒植株供水之前对灌水器流量均重新率定。盆栽辣椒试验装置如图 7-5 所示。

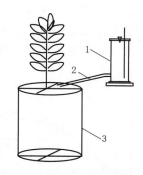

图 7-5　盆栽辣椒试验装置示意图
1—马氏瓶；2—供水软管；3—试验盆

　　4. 观测内容

　　（1）土壤水分。在辣椒的整个生育期内，采用称重法监控土壤水分，为了提高称重法的准确性，减小植株生长对其影响，每两天用 1g 感量的电子天平称取所有试验用盆总重一次。

　　（2）辣椒的生态指标。在辣椒的整个生育期内，定期用直尺测量辣椒植株的株高，用精度为 0.02mm 的游标卡尺测量辣椒植株的茎粗。

　　（3）辣椒的生理指标。采用 LCpro＋全自动便携式光合仪，在生长期内监测辣椒的生理指标，包括光合速率、蒸腾速率及气孔导度，以各处理面向阳光健康生长的第三片完全展开叶作为测定目标，对每个处理下的 9 株辣椒植株分别进行测定，测定时间一般选在上午 9：00—11：00，以晴朗无云的天气为好。用 CM-1000 叶绿素仪测定辣椒叶片的叶绿素含量，每株辣椒从上至下选择 4 片叶子作为测定对象，对每个处理下的 9 株辣椒植株分别进行测定。

　　（4）辣椒的产量和生物量。辣椒成熟后，将其全部采摘，测定各处理下的辣椒单果重、辣椒坐果数和总产量；辣椒全部收获后，收集其叶、茎秆，挖掘其根系，并用水冲洗干净，然后将叶、茎秆和根系一起置于烘箱中，烘箱温度设定为 80℃，烘至其质量不再变化，取出，测定各处理下辣椒的根、茎、叶的干重及总生物量。

7.2.2　对株高、茎粗的影响

　　图 7-6 给出了不同的灌水器流量对辣椒株高的影响，从图 7-6 中可以看出，辣椒的株高随着生长时间的延长呈增加的趋势，对于不同的处理而言，都具有同一规律：在辣椒生育期的前期（5 月 13 日至 8 月 30 日），植株生长迅速，株高增长较快，但是到了生育期的后期（8 月 30 日以后），株高增长非常缓慢，几乎不再增长。从图 7-6（a）、图 7-6（b）、图 7-6（c）和图 7-6（d）中还可以看出，在相同的灌水定额下，对照处理（灌水器流量

为 2L/h）的株高均小于其他 3 种灌水器流量处理（灌水器流量为 0.5L/h、1L/h 和 1.5L/h）
下的株高；在灌水定额为 1.5L，且其他 3 种处理的灌水周期也与对照处理相同时，对照处
理的株高与其他 3 种处理的株高较为接近，但是在灌水定额为 1.5L 且其他 3 种处理的灌
水周期与对照处理不相同时，以及在灌水定额为 1L 和 0.5L 这 3 种情况下，对照处理的株
高与其他 3 种处理的株高之间的差异稍微大一些，而其他 3 种处理的株高较为接近，然而
表 7-5 中的方差分析显示：在 95% 的置信度下，灌水器流量对辣椒株高的影响并不显著，
也就是说，在灌水定额相同时，其他 3 种不同灌水器流量处理的株高与对照处理的株高之
间的差异并不显著，灌水器流量的不同对辣椒株高的影响并不是很明显。图 7-7 给出了
不同的灌水定额对辣椒株高的影响，从图 7-7 中可以看出，在相同的灌水器流量下，不
同灌水定额处理下的辣椒株高之间的差异并不是很大，从表 7-5 中的方差分析可以看出，
在相同的灌水器流量下，不同灌水定额处理下的辣椒株高之间的差异并不显著，也就是
说，采用不同的灌水定额对辣椒株高的影响不是很明显。

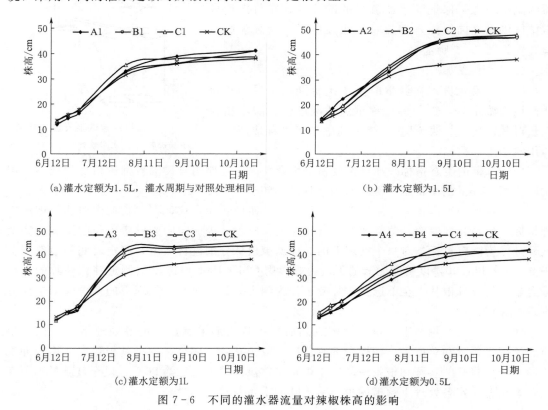

图 7-6　不同的灌水器流量对辣椒株高的影响

表 7-5　　　　　　　　灌水器流量与灌水定额对辣椒株高影响的方差分析

偏差来源	偏差平方和	自由度	均方差	F 值	P 值	Eta 平方值
灌水器流量	39.463	3	13.154	1.47	0.231	0.062
灌水定额	4.188	2	2.094	0.234	0.792	0.007
误差	299.541	33	8.948			

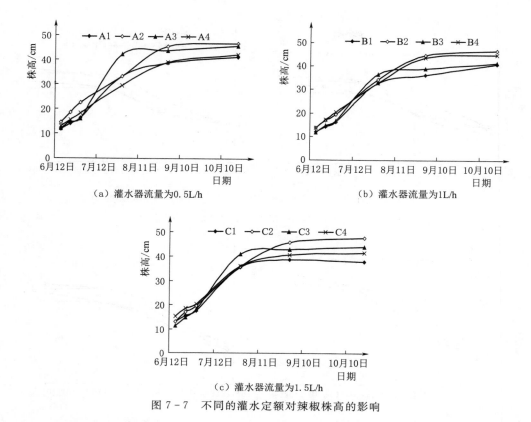

（a）灌水器流量为0.5L/h

（b）灌水器流量为1L/h

（c）灌水器流量为1.5L/h

图 7-7 不同的灌水定额对辣椒株高的影响

图 7-8 和图 7-9 分别给出了不同的灌水器流量和不同的灌水定额对辣椒茎粗的影响，从图 7-8 和图 7-9 中可以看出，灌水器流量和灌水定额对辣椒茎粗的影响规律与灌水器流量和灌水定额对辣椒株高的影响规律相同，即辣椒的茎粗随着生长时间的延长呈增加的趋势，在辣椒生育期的前期（5 月 13 日至 8 月 30 日），植株生长迅速，茎粗增长较快，但是到了生育期的后期（8 月 30 日以后），茎粗增长非常缓慢，几乎不再增长。从图 7-8、图 7-9 和表 7-6 中可以看出，灌水器流量和灌水定额对辣椒茎粗的影响并不显著。

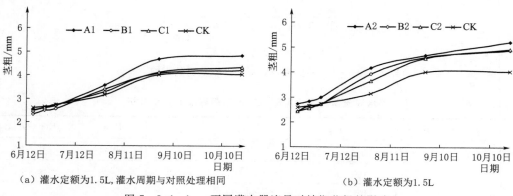

（a）灌水定额为1.5L，灌水周期与对照处理相同

（b）灌水定额为1.5L

图 7-8（一） 不同灌水器流量对辣椒茎粗的影响

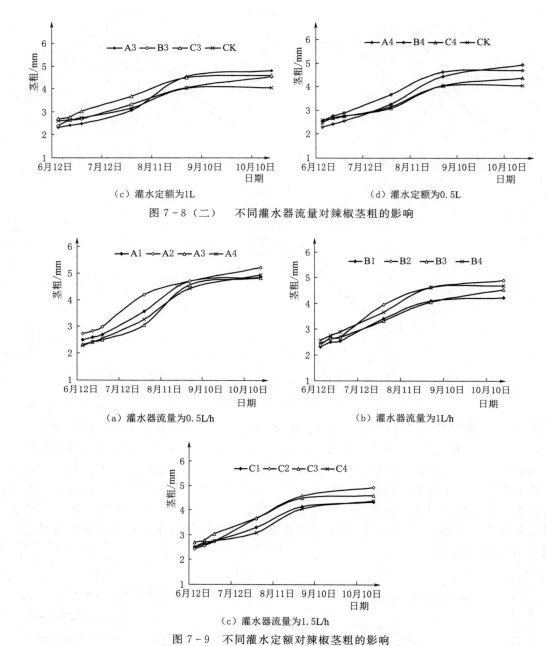

（c）灌水定额为1L

（d）灌水定额为0.5L

图 7 - 8（二）　不同灌水器流量对辣椒茎粗的影响

（a）灌水器流量为0.5L/h

（b）灌水器流量为1L/h

（c）灌水器流量为1.5L/h

图 7 - 9　不同灌水定额对辣椒茎粗的影响

表 7 - 6　　　　　　灌水器流量与灌水定额对辣椒茎粗影响的方差分析

偏差来源	偏差平方和	自由度	均方差	F 值	P 值	Eta 平方值
灌水器流量	0.437	3	0.146	2.545	0.063	0.102
灌水定额	0.158	2	0.079	1.379	0.259	0.04
误差	1.881	33	0.057			

7.2.3 对叶绿素含量的影响

叶绿素是植物光合作用的必要条件，其含量在一定程度上影响植物的光合速率，并最终影响作物产量。图 7-10 给出了不同的处理对辣椒叶片的叶绿素含量的影响，从图 7-10 可以看出，除 C4 处理外，其他处理下的叶绿素含量均高于对照处理的叶绿素含量。灌水器流量为 0.5L/h 的 4 个处理的叶绿素含量的平均值为 27.2，较对照处理高出 25.13%；灌水器流量为 1L/h 的 4 个处理的叶绿素含量的平均值为 28.5，较对照处理高出 31.18%；灌水器流量为 1.5L/h 的 4 个处理的叶绿素含量的平均值为 25.3，较对照处理高出 16.72%；这说明采用较小的灌水器流量能提高辣椒的叶绿素含量，从而为提高辣椒的产量奠定基础。

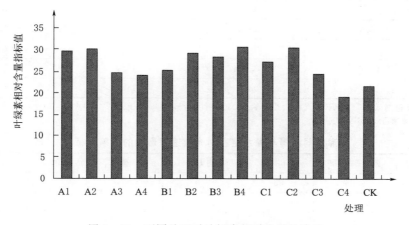

图 7-10　不同处理对叶绿素相对含量的影响

7.2.4 对光合作用的影响

光合作用是植物生产力构成的最主要因素，研究植物光合作用有助于采用适当的措施提高植物的光合能力，从而提高产量。表 7-7 给出了不同处理下的辣椒叶片光合、蒸腾速率及水分利用效率等情况。从表 7-9 中可以看出，灌水器流量为 0.5L/h 的 4 个处理的平均光合速率为 $18.75\mu mol\ CO_2/(m^2 \cdot s)$，灌水器流量为 1L/h 的 4 个处理的平均光合速率为 $18.75\mu mol\ CO_2/(m^2 \cdot s)$，灌水器流量为 1.5L/h 的 4 个处理的平均光合速率为 $15.35\mu mol\ CO_2/(m^2 \cdot s)$，对照处理的平均光合速率为 $14.70\mu mol\ CO_2/(m^2 \cdot s)$，由此可以看出，灌水器流量越小，其光合速率越大。表 7-8 中的方差分析显示，灌水器流量对光合速率的影响呈显著水平，说明小流量滴灌能提高辣椒的光合能力，从而为提高其产量奠定了一定的基础。尽管表 7-7 中的数据显示，灌水器流量比对照处理小的其他各处理的叶片蒸腾量较对照处理有所增加，但是其幅度并不是很大，表 7-10 中的方差分析也显示，灌水器流量对叶片蒸腾的影响呈不显著水平；另外，从叶片水分利用效率上来看，仍然是灌水器流量较小的处理的叶片水分利用效率高。

表 7 - 7 不同处理下的辣椒叶片光合、蒸腾速率及水分利用效率

处理	蒸腾 T_r /[mmol H_2O/($m^2 \cdot s$)]	气孔导度 g_s /[mol H_2O/($m^2 \cdot s$)]	净光合速率 P_n /[μmol CO_2/($m^2 \cdot s$)]	叶片水分利用效率 WUE /(μmol CO_2/mmol H_2O)
CK	5.4	0.227	14.7	2.71
A1	6.1	0.373	19.4	3.19
A2	6.5	0.396	20.1	3.09
A3	6.9	0.418	18.2	2.64
A4	6.5	0.367	17.3	2.66
B1	6.3	0.311	18.1	2.87
B2	6.6	0.342	20.2	3.06
B3	7.7	0.437	19.1	2.48
B4	7.0	0.317	17.6	2.51
C1	5.7	0.250	17.2	3.02
C2	5.9	0.255	16.9	2.86
C3	8.0	0.416	15.9	1.99
C4	5.5	0.198	11.4	2.08

注 单叶水分利用效率（WUE）（杜太生等，2005）用叶片通过蒸腾消耗一定量的水（mmol）所同化的 CO_2 量（μmol）来表示，即 WUE＝P_n/T_r。

表 7 - 8 灌水器流量与灌水定额对光合速率影响的方差分析

偏差来源	偏差平方和	自由度	均方差	F 值	P 值	Eta 平方值
灌水器流量	54.230	3	18.077	15.061	0.001	0.850
灌水定额	20.748	2	10.374	8.644	0.010	0.684
误差	39.602	33	1.200			

表 7 - 9 不同灌水器流量下光合速率均值的多重比较（S－N－K 法）

灌水器流量/(L/h)	P_n 平均值/[μmol CO_2/($m^2 \cdot s$)]	显著性水平
0.5	18.75	a
1.0	18.75	a
1.5	15.35	b
2.0	14.70	b

表 7 - 10 灌水器流量与灌水定额对叶片蒸腾影响的方差分析

偏差来源	偏差平方和	自由度	均方差	F 值	P 值	Eta 平方值
灌水器流量	1.328	3	0.443	1.912	0.216	0.450
灌水定额	3.848	2	1.924	8.313	0.014	0.704
误差	7.614	33	0.231			

7.2.5 对产量及生物量的影响

辣椒成熟后，于 10 月 22 日将其全部采摘，测定各处理下的辣椒单果重、辣椒坐果数

和总产量；辣椒全部收获后，收集其叶、茎秆，挖掘其根系，并用水冲洗干净，然后将叶、茎秆和根系一起置于烘箱中，烘箱温度设定为80℃，烘至其质量不再变化，取出，测定各处理下辣椒的根、茎、叶的干重及总生物量。

植株的坐果数与单果重直接影响着作物的产量，增加坐果数和提高单果重都有利于产量的提高。表7-11给出了不同处理下辣椒的坐果数、单果重、产量及根、茎、叶干重等情况，从表7-11可以看出，就单果重而言，对照处理的单果重最小，仅为2.02g，灌水器流量为0.5L/h的4个处理的平均单果重为2.74g，灌水器流量为1L/h的4个处理的平均单果重为2.59g，灌水器流量为1.5L/h的4个处理的平均单果重为2.72g，对照处理的单果重明显小于灌水器流量为0.5L/h、1L/h和1.5L/h处理下的平均单果重，且差异较大，而这三种不同灌水器流量处理下的平均单果重比较接近，它们之间的差异并不明显，这说明减小灌水器流量在一定程度上可以提高辣椒的单果重，但是当灌水器流量减小到一定程度时，其提高辣椒单果重的作用就不明显了。就坐果数这一指标而言，对照处理的坐果数为11个，灌水器流量为0.5L/h的4个处理的平均坐果数为18.67个，较对照处理增幅为69.68%；灌水器流量为1L/h的4个处理的平均坐果数为14.42个，较对照处理增幅为31.05%；灌水器流量为1.5L/h的4个处理的平均坐果数为13.75个，较对照处理增幅为24.98%；这说明采用较小的灌水器流量滴灌有利于辣椒坐果数的增加，从而为提高其产量奠定坚实的基础。另外，从产量上来看，对照处理的产量最低，灌水器流量比对照小的其他各处理的产量较对照处理的产量均有不同程度的提高，在灌水器流量为0.5L/h的4个处理（A1、A2、A3和A4）中，除A1处理外，其他3个处理的产量的增幅都很明显，分别较对照处理增加172.82%、143.32%和108.70%，均超过100%；而在灌水器流量为1 L/h的4个处理（B1、B2、B3和B4）及灌水器流量为1.5L/h的4个处理（C1、C2、C3和C4）中，除B4和C1两个处理的产量增幅超过100%，其他6个处理的产量增幅都不是很高，均未超过A1处理的产量增幅。灌水器流量为0.5L/h的4个处理的平均产量为50.81g，较对照处理增幅为125.91%；灌水器流量为1L/h的4个处理的平均产量为36.99g，较对照处理增幅为64.46%；灌水器流量为1.5L/h的4个处理的平均产量为36.27g，较对照处理增幅为61.28%。以上都充分地说明采用较小的灌水器流量可以显著地提高辣椒的产量，表7-12中的方差分析也显示，灌水器流量对辣椒产量的影响呈显著水平。小流量滴灌能提高作物的产量，主要是因为：当灌水量相同时，小流量滴灌形成的湿润体内的平均含水率比大流量滴灌形成的湿润体内的平均含水率要小，另外，小流量滴灌也不易使地表结皮，这些都能使土壤始终保持良好的通气性，有利于作物的生长。

表7-11　　　　　　　　　　不同处理对辣椒产量及根、茎、叶干重的影响

处理	产量/g	坐果数/个	单果重/g	根干重/g	茎干重/g	叶干重/g	产量较对照处理的增加率/%
CK	22.49	11	2.02	2.15	4.74	2.64	0.00
A1	40.21	17.33	2.30	2.19	5.10	2.31	78.79
A2	61.36	22.33	2.71	4.21	7.29	2.33	172.82
A3	54.72	16.00	3.41	4.97	7.22	3.08	143.32

处理	产量/g	坐果数/个	单果重/g	根干重/g	茎干重/g	叶干重/g	产量较对照处理的增加率/%
A4	46.94	19.00	2.55	4.80	7.39	5.22	108.70
B1	29.60	12.33	2.49	2.22	5.34	2.75	31.60
B2	39.46	15.33	2.59	2.72	7.01	2.50	75.47
B3	30.42	12.67	2.42	4.05	6.15	3.17	35.27
B4	48.47	17.33	2.87	4.86	7.27	5.16	115.50
C1	47.84	17.00	2.91	3.12	5.32	1.88	112.73
C2	39.39	14.33	2.85	4.67	8.87	3.75	75.14
C3	28.37	13.33	2.32	4.03	5.98	1.48	26.14
C4	29.49	10.33	2.80	3.60	5.33	3.89	31.11

表 7 - 12　　　　　　　　灌水器流量与灌水定额对辣椒产量影响的方差分析

偏差来源	偏差平方和	自由度	均方差	F 值	P 值	Eta 平方值
灌水器流量	1166.582	3	388.861	4.519	0.039	0.629
灌水定额	53.147	2	26.574	0.309	0.743	0.072
误差	2839.749	33	86.053			

7.2.6　对水分利用效率的影响

作物水分利用效率是单位水量消耗所生产的经济产品数量，由相同面积上的经济产品总量除以消耗的总水量得到。表 7 - 13 给出了不同处理下辣椒的水分利用效率、灌水总量、灌水次数及蒸发总量等情况。从水分利用效率（WUE）来看，对照处理的 WUE 最低，仅为 1.21 g/L，灌水器流量比对照处理小的其他各处理的 WUE 较对照处理的 WUE 均有不同程度地提高，在灌水器流量为 0.5 L/h 的 4 个处理（A1、A2、A3 和 A4）中，除 A1 处理外，其他 3 个处理的 WUE 的增幅都很明显，分别较对照处理增加 156.91%、166.69% 和 149.64%，均超过 145%；而在灌水器流量为 1 L/h 的 4 个处理（B1、B2、B3 和 B4）及灌水器流量为 1.5 L/h 的 4 个处理（C1、C2、C3 和 C4）中，尽管 B4 和 C1 两个处理的 WUE 的增幅比较大，分别为 144.69%、116.54%，但仍然未超过 145%。而其他 6 个处理的 WUE 的增幅都不是很高，均未超过 A1 处理的 WUE 增幅。灌水器流量为 0.5L/h 的 4 个处理的平均 WUE 为 2.91g/L，较对照处理增幅为 140.29%；灌水器流量为 1L/h 的 4 个处理的平均 WUE 为 2.17g/L，较对照处理增幅为 79.13%；灌水器流量为 1.5L/h 的 4 个处理的平均 WUE 为 2.09g/L，较对照处理增幅为 72.93%，这说明采用较小的灌水器流量进行滴灌，对提高辣椒的水分利用效率作用显著，表 7 - 14 中灌水器流量对辣椒的水分利用效率的方差分析结果也证明了这一点。

表 7 - 13　　　　　　　　　　　不同处理对水分利用效率的影响

处理	WUE/(g/L)	灌水总量/L	灌水次数	蒸发总量/L	WUE 较对照处理的增加率/%
CK	1.21	18.55	12	17.19	0.00
A1	2.26	17.82	12	16.71	86.12
A2	3.11	19.70	13	18.69	156.91
A3	3.23	16.93	17	16.26	166.69
A4	3.03	15.51	31	15.02	149.64
B1	1.63	18.11	12	16.95	34.84
B2	2.02	19.56	13	18.55	66.45
B3	2.05	14.87	15	14.22	68.75
B4	2.97	16.34	32	15.81	144.69
C1	2.63	18.22	12	16.85	116.54
C2	2.04	19.34	13	18.45	68.01
C3	1.76	16.10	16	15.17	45.34
C4	1.94	15.22	30	14.47	59.84

表 7 - 14　　　　　　　　　　灌水器流量与灌水定额对 WUE 影响的方差分析

偏差来源	偏差平方和	自由度	均方差	F 值	P 值	Eta 平方值
灌水器流量	3.346	3	1.115	5.250	0.027	0.079
灌水定额	0.274	2	0.137	0.644	0.550	0.731
误差	6.996	33	0.212			

　　从灌水总量上来看，对照处理的灌水总量为 18.55L，而灌水器流量为 0.5L/h 的 4 个处理、灌水器流量为 1L/h 的 4 个处理以及灌水器流量为 1.5L/h 的 4 个处理，其平均灌水总量分别为 17.49L、17.22L、17.22L，较对照处理的略有减小，但是幅度不大，这说明采用较小的灌水器流量进行滴灌具有一定的节水作用，但是效果不是很明显。灌水定额为 0.5L 的 3 个处理（A4、B4 和 C4）的平均总灌水量为 15.69L，灌水定额为 1L 的 3 个处理（A3、B3 和 C3）的平均灌水总量为 15.97L，灌水定额为 1.5L 的 7 个处理（CK、A1、A2、B1、B2、C1 和 C2）的平均灌水总量为 18.71L；从蒸发总量上来看，灌水定额为 0.5L 的 3 个处理的平均蒸发总量为 15.1L，灌水定额为 1L 的 3 个处理的平均蒸发总量为 15.22L，灌水定额为 1.5L 的 7 个处理的平均蒸发总量为 17.53L，说明采用较小灌水定额进行滴灌，尽管灌水次数增多，灌溉频率提高，但对于抑制无效蒸发和节水而言，其效果明显。小灌水定额高频率灌溉虽然可能会使土壤表面一直处于较高的土壤水分状况，使土壤表面蒸发大部分时间处于蒸发的第一阶段，会加大地表蒸发量（Meshkat et al.，2000；

康跃虎等，2004），但是由于小灌水定额形成的湿润土体比大灌水定额形成的湿润土体要小，同时小灌水定额在土壤表面形成的湿润范围也比大灌水定额的小，有利于抑制地表的无效蒸发，从试验结果来看，后者对于蒸发的作用明显大于前者，两者综合后的结果是小灌水定额高频率灌溉更利于抑制地表的无效蒸发，从而节水效果明显。从表 7-15 给出的灌水器流量与灌水定额对总蒸发量影响的方差分析中也可以看出，灌水器流量对蒸发总量的影响不显著，而灌水定额对蒸发总量的影响显著，在其他条件一致的情况下，灌水定额越小，其蒸发量也会越少，因此建议在小流量微压滴灌中采用小灌水定额高频率灌溉的灌溉制度。

表 7-15　　　　　　　　灌水器流量与灌水定额对总蒸发量影响的方差分析

偏差来源	偏差平方和	自由度	均方差	F 值	P 值	Eta 平方值
灌水器流量	0.614	3	0.205	0.201	0.892	0.079
灌水定额	19.401	2	9.700	9.523 *	0.010	0.731
误差	33.627	33	1.019			

7.3　大田苹果试验

7.3.1　试验材料与方法

1. 试验地基本情况

试验地位于陕西省榆林市子洲县清水沟现代农业园区海拔 957m。该园区位于黄土高原北部，属于典型的旱地农业区。试验区内沟壑纵横，海拔起伏较大。园区内黄土层厚度为 10~30m，地下主要为中生代和新生代晚第三系红土层。地表天然植物较少，而且经过

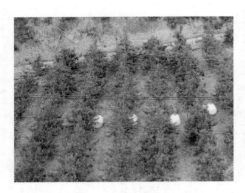

图 7-11　试验地照片

多年的水流冲刷和降雨破坏，使得地貌起伏较大。该地为典型的大陆型气候，平均气温是 9.1℃。夏天气温较高，冬天较为寒冷且时有寒风。该地无霜期为 145 天左右，年平均降雨量为 428.1mm，且 60%~70% 的降雨集中在 7—9 月。同时该地的年平均蒸发量为 1087.7mm。试验区内有淮宁河一级支流经过，可以满足灌溉用水需要。为了消除地形高差对灌溉系统带来的不利影响，选取了人工处理的一级梯田进行试验，如图 7-11 所示。试验经历苹果 2 个生长季，从 2017 年 5 月到 2018 年 10 月。试验地面积为 50m×21m。

2. 试验地土壤参数

试验地 0~100cm 内土壤质地按照 USDA 分类标准为壤土。试验开始前，取 0~10cm、10~20cm、20~40cm、40~60cm、60~80cm 和 80~100cm 深度的土壤样品，风干后过 2mm 筛网，而后进行土壤物理和化学参数分析。土壤各项参数见表 7-16。

表 7 – 16　　　　　　　　　　　　　　试 验 地 土 壤 参 数

深度 /cm	黏粒 /%	粉粒 /%	砂粒 /%	田间持水率 /(cm³/cm³)	N 含量 /(mg/kg)	P 含量 /(mg/kg)	K 含量 /(mg/kg)	有机质 /%	质　地
0～10	0.38	16.39	83.23						壤质细砂
10～20	0.53	17.96	81.51						壤质细砂
20～40	0.55	18.28	81.17	0.29	22.60	11.10	262.30	0.81	壤质细砂
40～60	0.58	16.28	83.15						壤质细砂
60～80	1.04	31.72	67.24						砂质壤土
80～100	0.75	24.30	74.95						壤质细砂

3. 试验设计

2017 年 5 月，选取 1.6hm² 树龄为 5 年的苹果园作为试验用地，苹果品种为"蜜脆"（*Malus pumila* Mill），苹果园中果树的行距和株距分别为 2m 和 3m。所有的苹果树均是在标准的园艺和栽培下生产的，其他的管护措施，如杂草控制、套袋等，均是和其他树木一致，以避免减产和品质下降。

灌溉水取自试验地以上 80m 左右位置处的集水窖，经检测，水质满足灌溉要求。试验所用氮肥为尿素，含氮量为 46.7%；磷肥为磷酸二铵，N：P₂O₅：K 比为 16：44：0；钾肥为硫酸钾，含钾量为 44.8%。6 月中旬将各处理肥料通过人工方式坑施。

在 2017—2018 年生长季，小流量微压滴灌按照一管一行的方式布置在苹果园中（2017 年 5 月初布设），每株苹果树下放置一个灌水器，灌水器距离树干的距离为 90cm（布置于冠层半径的 2/3 处），具体布置如图 7 – 12（a）所示。整个小流量微压滴灌系统包括水箱（用以提供 0.2～0.5m 的工作水压，容积 1.5m³，水箱补水通过设在山顶的水窖和田间预设主供水管完成）、支管（管径 25mm）、水表（最小刻度 0.1L）、毛管（管径 20mm）、管间式陶瓷灌水器（内径 20mm）、球阀和末端冲洗阀门等组成［图 7 – 12（b）和图 7 – 12（c）］。灌水器选用微孔陶瓷灌水器，在西北农林科技大学旱区节水农业研究院制备完成，其结构尺寸为 70mm×40mm×20mm（长×内径×外径）。由于灌溉过程中毛管中水流流速特别小，基本上处于静压状态，因此忽略水头损失的影响，所以灌水器工作压力即为 20～50cm，灌水器在空气中测得的流量为 0.23～0.57L/h，在土壤中陶瓷灌水器可根据土壤水分状况自动调节出流量，当土壤含水率比较高的时候，灌水器出流量会自动减小。在苹果生育期内，陶瓷灌水器将持续给苹果树供水。

传统地下滴灌系统采用耐特菲姆超级台风型地下滴灌带，滴灌带额定工作压力为 10m，流量为 1.1L/h。通过对试验区苹果树根系分布的研究表明，吸收根（d<2mm）主要分布在垂向 0～100cm 范围内，占吸水根系总数的 90% 以上，计划湿润深度取 100cm。以全生育期中轻度亏缺进行灌溉（土壤含水率为饱和含水率的 50%～80%）进行灌水，大约每间隔 15 天灌溉一次。2017 年全生育期共灌溉 11 次。每次灌水 13.6h，每棵树灌水 49.38L，每亩地灌水 5.48m³，因此全生育期灌水 60.28m³，折合为 90.4mm。2018 年全生育期共灌溉 12 次。每次灌水 13.6h，每棵树灌水 49.38L，每亩地灌水 5.48m³，因此全生育期灌水 65.76m³，折合为 98.6mm。

（a）　　　　　　　　　　　　　（b）

图 7-12　小流量微压滴灌系统布设位置以及微孔陶瓷灌水器

试验共设置 4 个处理：S1H1（小流量微压滴灌处理，灌水器埋深 20cm）、S1H2（小流量微压滴灌处理，灌水器埋深 40cm）、S1H3（小流量微压滴灌处理，灌水器埋深 60cm）、S3H2（传统地下滴灌处理，毛管埋深 40cm）和 CK（无灌溉措施）。每个处理 3 个重复，每个处理中 4 棵树组成一个重复。

4. 数据采集方法

（1）气象数据。试验地中布设了一个自动气象站（Vantage Pro2，Davis Instruments，USA），可以记录每天的气象数据，包括气温、湿度、风速、太阳辐照度和气压等。气象站中还包含一个雨量筒，可以记录试验地逐日的降雨量。

（2）土壤含水率和蒸腾量（ET）。2017 年和 2018 年从苹果抽芽后使用 TDR 每隔 15 天左右测定一次土壤含水率。120cm 长的 TRIM 管分别安装在距离植株 10cm、20cm、70cm 的位置［图 7-12（a）］。测定深度为 0~100 cm，测量位置为 10cm、20cm、40cm、60cm、80cm 和 100cm，每小区 3 个取样位置。

苹果抽芽前和收获后 0~100cm 内土壤储水量（W）通过式（7-2）计算：

$$W = \sum (VWC_i \times SD_i) \qquad (7-2)$$

式中：VWC_i 为每一层的土壤质量含水率，cm^3/cm^3；SD_i 为土壤层厚，mm；

苹果的耗水量通过水量平衡方程计算：

$$ET = I + P + K + W_0 - W_1 \qquad (7-3)$$

式中：ET 为苹果生育期耗水量，mm；I 为苹果生育期灌水量，mm；P 为降雨量，mm；K 为地下水补给量，mm，由于试验区地下水位深度在 10m 以下，因此地下水补给忽略；W_0 和 W_1 分别为苹果抽芽前和收获后土壤储水量。

（3）产量和水分利用效率（WUE）。每个处理的产量通过 4 棵树的苹果产量确定。单株树的苹果个数和单果重也同样被记录了。

WUE 通过式（7-4）计算：

$$WUE = Y/ET \qquad (7-4)$$

式中：WUE 为苹果的水分利用效率，$kg/(hm^2 \cdot mm)$；Y 为苹果产量，kg/hm^2。

灌溉水分利用效率（irrigation water use efficiency，IWUE）计算如下：

$$IWUE = Y/I \qquad\qquad (7-5)$$

（4）生长指标。新梢长度采用刻度尺测量，每 10～15 天测试一次，每个处理选取 3 棵苹果树，在每株苹果树东南西北 4 个方向各选取 1 个新梢，每株 4 个，每处理共 12 个新梢进行测量。果实横径用游标卡尺测量，每 10～15 天测试一次。每个处理选取 3 棵苹果树，在每株苹果树东南西北 4 个方向各选取 1 个苹果，每株 4 个，每处理共 12 个苹果进行测量。

（5）品质指标。苹果体积采用排水法测量；用数显游标卡尺测量苹果横径；用电子天平称量果重，取平均值作为每组处理的果重；将苹果去皮、去核，切碎后榨汁，测定苹果的可溶性固形物；称取 30g 苹果切碎，放入铝盒于 105℃烘箱中烘干，测量苹果水分含量；将苹果放入榨汁机内捣碎，称取 10g，用煮沸过的蒸馏水提取可滴定酸，用 NaOH 水溶液滴定至 pH 值为 8.1，可滴定酸含量以柠檬酸当量表示。维生素 C 的测定参照《食品中抗坏血酸的测定》（GB 5009.86—2016）第三法——2，6-二氯靛酚滴定法。苹果还原糖的测定取 2g 苹果样品用蒸馏水提取还原糖，水浴后过滤加入 DNS 试剂，沸水浴后于 540nm 处测定吸光值。

5. 数据分析

文中出现的数据均为 3 次重复的均值。采用 SPPS 软件（v.21.0，SPSS Inc，2013）进行方差分析。当 F 检验显著时（$P < 0.05$），使用 Duncan 法进行单因素检验，而后使用 Origin（v.b9.2.272，OriginLab，2015）绘图。

7.3.2 气象数据分析

气温、光照、降雨等气象条件是苹果植株生长、果实干物质累积和水分消耗的重要影响因素。4—10 月的平均温度、最高温度、最低温度和日照百分率对果实品质影响的正效应较大，其次是年总降水量和年平均温度。降水量是影响果树产量的主要气象因子，萌芽开花期、展叶幼果期、果实膨大期的降水量对苹果生长以及最终产量影响最大。2017 年和 2018 年苹果生长季逐日降雨量和气温分布如图 7-13 所示。

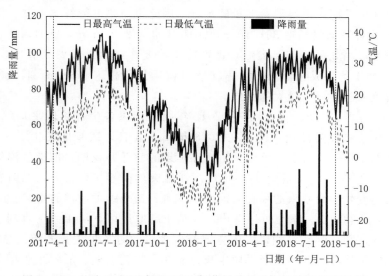

图 7-13　试验地 2017 年和 2018 年苹果生长季逐日降雨量和气温

可以看出在 2017—2018 年苹果生长期内，气温的变化和降雨的变化较为一致。表 7-17 列出了苹果各生育期内最高温度、最低温度、降雨三个气象要素的平均值。2017 年，小流量微压滴灌系统于 5 月 10 日布置完成，5 月 15 日开始灌水。苹果树于 4 月 1 日开始萌芽，4 月降雨量少，且平均气温低，因此苹果树生长也较为缓慢。

表 7-17 　　　　　　　　2017—2018 年苹果各生育期主要气象因子

年份	生 育 期	时长/d	累计降雨量/mm	平均最高气温/℃	平均最低气温/℃
2017	萌芽开花期（4 月 5 日至 5 月 24 日）	50	51.7	23.67	8.70
	展叶幼果期（5 月 25 日至 6 月 30 日）	37	53.2	30.68	15.74
	果实膨大期（7 月 1 日至 9 月 1 日）	63	351.1	30.60	18.92
	成熟采收期（9 月 2—15 日）	14	0.4	25.94	12.99
	全生育期（4 月 15 日至 9 月 15 日）	164	456.4	27.72	14.09
2018	萌芽开花期（4 月 1 日至 5 月 19 日）	49	54.6	23.72	8.00
	展叶幼果期（5 月 20 日至 6 月 25 日）	37	65.2	28.19	12.41
	果实膨大期（6 月 26 日至 8 月 29 日）	65	250.0	30.65	18.66
	成熟采收期（8 月 30 日至 9 月 20 日）	22	118.0	22.75	12.27
	全生育期（4 月 15 日至 9 月 15 日）	173	487.8	26.33	12.83

在萌芽开花期，其降雨量为 51.7mm，除过 4 次 9.7mm 以上的降雨外，其他 7 次降雨均小于 5mm（因此视为无效降雨）。2018 年萌芽开花期，降雨量为 54.6mm，稍高于 2017 年。该阶段长达 50 天左右，每天的平均降雨量相当于 1mm/d，难以满足苹果树的需水要求，因此需要采取一定的补灌措施。

2017 年和 2018 年展叶幼果期的平均降雨量大约为 1.44mm/d 和 1.76mm/d，此时属于苹果树的快速生长期，需要消耗大量的水分，因此也需要进行补水灌溉。但是在果实膨大期，2017 年累计降雨量高达 351.1mm，2018 年也为 250.0mm，此时属于黄土高原的雨季，降雨量较大，因此可能需要灌溉，也可能不需要。在苹果成熟采收期，2017 年降雨量为 0.4mm，便于苹果成熟着色；但是 2018 年降雨量则高达 118mm，且天气多以阴雨为主，对苹果着色采收造成了较大的不便。

由表 7-17 也可以看出，2017 年和 2018 年两年苹果各生育阶段平均气温差别不大，两年的气温变化趋势较为接近。但是在 2018 年 4 月 5 日，试验地发生了一次寒潮天气，具体气温变化如图 7-14 所示。可以看出，在苹果的萌芽开花期，前期气温均较高，最高气温已经到达 30℃以上，但是到 4 月 6 日，气温突然降至 0℃以下，同时在零下维持 3 天，气温的突然变化导致苹果的果芽可能发生冻害，造成不可逆转的伤害。

结合图 7-13 和表 7-17 也可以看出，在黄土高原地区，从 1 月一直到 6 月末，尤其在苹果萌芽开花期和展叶幼果期，降雨量普遍较少，此时苹果生长若单纯依靠降雨补给，则会发生明显的干旱胁迫，不利于果树生长；而在果实膨大期、成熟采收期，降雨量则较大，由于短时间内大量降雨，则可能使得土壤含水率快速增高，有可能发生水分胁迫，也

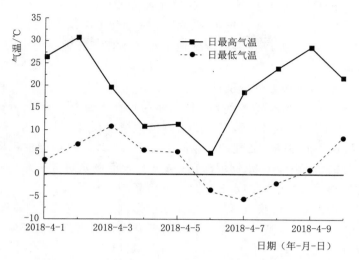

图 7 - 14　试验地 2018 年 4 月 1—10 日逐日气温

不利于果树的生长。因此就气象条件而言，在 4—6 月应当进行灌溉，而在 7—9 月则应适当发展排水措施。

7.3.3　苹果生长指标变化

　　新梢生长量是衡量果园建设的一项重要的形态指标，苹果结实以短枝为主，长枝的生长保证了果树的光合作用，促进根系生长。不同处理下新梢生长结束时的长度如图 7 - 15 所示。在埋深不同的条件下，新梢的长度发生了明显的变化。

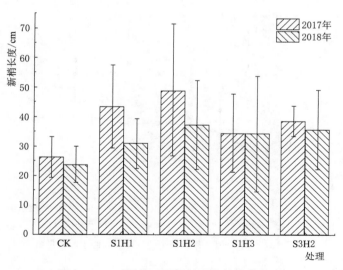

图 7 - 15　不同处理下新梢生长结束时长度

　　由图 7 - 15 可以看出，不同处理新梢生长差异显著。2 年试验中，小流量微压滴灌处理的新梢长度均大于对照 CK 处理，但与传统地下滴灌处理差异不大。2 年小流量微压滴灌处理在 S1H1、S1H2、S1H3 分别比对照 CK 处理高 48.1%（12.05cm）、72.1%（18.07cm）、37.0%（9.27cm）。传统地下滴灌处理则较 CK 高 48.5%。2 年小流量微压滴灌 S1H1、S1H2、S1H3 处理分别比传统地下滴灌 S3H2 处理高－0.3%（－0.11cm）、15.9%（5.90cm）、－7.8%（－2.90cm）。2018 年新梢长度要低于 2017 年，S1H1、S1H2、S1H3、S3H2 和 CK 处理分别低 40.0%、31.5%、1.0%、8.4% 和 10.3%。这可能主要是因为在萌芽开花期，遭遇寒潮，使得苹果的生长受限，因此新梢的长度就低于 2017 年。在小流量微压滴灌条件下，S1H2 处理的新梢生长量最大，为 37.1cm，S1H1 处理稍低于 S1H2 处理，但 S1H3 处理却明显低于这两个处理。这可能主要是因为埋深 60cm 时，在降雨量不足的情况下，灌水器埋深在 60cm 处，灌溉水进入土壤中可能主要向土壤下层运动，因此使得苹果树吸收的水分不足，导致新梢生长受限。

为了进一步分析灌溉和气候对苹果新梢生长的影响，对其增长量和增长速率进行了分析（以 2017 年为例）。由图 7－16 可知，在萌芽开花期，各处理差异不大，随着灌溉历时的增加，不同处理之间出现了明显差异。S1H1、S1H2、S1H3、S3H2、CK 处理新梢长度的增长速率分别为 4.18mm/d、5.48mm/d、3.45mm/d、3.57mm/d、2.23mm/d。小流量微压滴灌处理明显要高于 CK 处理。同时在 6 月和 7 月，由于降水量较少，CK 处理新梢生长几乎停滞，说明土壤水分是决定苹果树生长的主要因素。而此时小流量微压滴灌处理条件下，新梢继续维持较高水平的生长，说明小流量微压滴灌显著提高了新梢生长量，为来年高产奠定基础。经历 6 月、7 月干旱胁迫后，7 月末及 8 月较多的降雨仅使得 CK 处理新梢的生长发生了微小的变化，因此长期的干旱胁迫后继续补水难以使得作物的生长恢复，所以对于黄土高原等干旱和半干旱区，加强生长关键期补水对于维持作物生长至关重要。

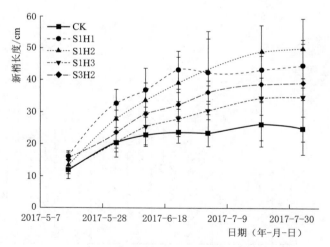

图 7－16　各处理苹果树新梢生长量随时间变化曲线

7.3.4　苹果果实指标的变化

不同处理条件下苹果果实指标见表 7－18。由表 7－18 中可以看出，小流量微压滴灌和传统地下滴灌单果重、体积均显著大于对照 CK 处理。2 年小流量微压滴灌 S1H1、S1H2、S1H3 处理的单果重分别比对照 CK 处理高 21.9%（40.6 g）、27.5%（50.9 g）、19.8%（36.6 g）。传统地下滴灌处理较 CK 高 24.0%（44.5g）。小流量微压滴灌各处理较传统地下滴灌仅有 S1H2 单果重较大（增大 2.8%，6.5 g），其他均为负值。2 年小流量微压滴灌 S1H1、S1H2、S1H3 处理的苹果体积分别比对照 CK 处理高 27.2%（62.5cm³）、25.5%（58.54cm³）、21.0%（48.2cm³）。传统地下滴灌处理较 CK 高 27.0%（62.6cm³）。小流量微压滴灌各处理较传统地下滴灌的苹果体积均较小，一般均为 −4.9%～0.0%。小流量微压滴灌处理和传统地下滴灌横径均显著大于对照 CK 处理。2 年小流量微压滴灌 S1H1、S1H2、S1H3 处理的横径分别比对照 CK 处理高 3.8%（2.90mm）、5.7%（4.37mm）、3.2%（2.41mm）。传统地下滴灌处理较 CK 高 3.8%（2.91mm）。小流量微压滴灌各处理较地下滴灌横径均较大，基本上在 −0.2%～0.5%，各处理间差异较小。

表 7−18　　　　　　　　　不同处理下苹果单果重、体积、横径和果形指数

年　份	处　理	单果重/g	体积/mm³	横径/mm	果形指数
2017	CK	230.97[a]	278.33[b]	84.60[ab]	0.77[a]
	S1H1	255.88[b]	333.33[a]	85.21[ab]	0.77[a]
	S1H2	274.22[b]	335.00[a]	87.15[b]	0.76[a]
	S1H3	268.30[b]	345.00[a]	87.74[b]	0.75[a]
	S3H2	265.62[b]	348.15[a]	86.04[b]	0.76[a]
2018	CK	138.95[a]	181.01[b]	67.78[a]	0.76[a]
	S1H1	195.17[b]	250.97[a]	72.97[b]	0.75[a]
	S1H2	197.57[b]	241.36[a]	73.97[b]	0.76[a]
	S1H3	174.77[b]	210.60[b]	69.46[a]	0.77[a]
	S3H2	193.25[b]	236.38[a]	72.16[b]	0.76[a]

埋深为 40cm 的 S1H2 处理单果重最大，达到 274.22g（2017 年）和 197.57g（2018 年）。小流量微压滴灌处理与 CK 处理之间存在差异，但是和地下滴灌之间差异较小。两年中在水分供应充足的情况下，在干旱期果树可以正常生长。2017 年小流量微压滴灌处理苹果单果重均在 250g 以上，且横径均大于 85mm，属于优等果；2018 年单果重除了 S1H3 处理为 174.77g，其余两个处理单果重均大于 195g，且横径大于 72mm，属于良等果。

但是也可以看出采用小流量微压滴灌与否对果形指数的影响不显著。5 个处理条件下，苹果的果形指数均维持在 0.76 左右，说明小流量微压滴灌灌水器埋深对果形指数没有明显影响。这主要是因为果形指数是苹果的固有属性，是由其基因决定的，一定程度上增加水分处理，对于改变其果形指数意义不大。采用小流量微压滴灌，灌水器埋深为 40cm 时，单果重达到了最大，但是此时苹果的体积和横径却并非最大，这可能是由于苹

果的硬度和水分含量差异造成的。因此采用小流量微压滴灌不仅可以促进苹果树新梢生长，而且有利于提高果品质量。

7.3.5 苹果品质指标变化

利用小流量微压滴灌技术在黄土高原苹果园进行补水灌溉可以增加苹果产量和水分利用效率，但是对于苹果品质是否有所改变尚不得而知。表 7-19 给出了 2017 年各处理的部分苹果品质指标。由表 7-19 可以看出，S1H2 处理和传统地下滴灌 S3H2 的苹果水分含量达到最大，这主要可能是由于 S1H2 和 S3H2 处理水分供应最为充足，在整个生育过程中，苹果的营养生长和生殖生长均未受限，因而含水量最大，使得其单果重也最大。可以看出在 S1H3 和 CK 处理中，两者统计学指标之间没有差异，这可能主要是因为埋深 60cm 时，灌水器灌入土壤的水分较大部分向深层运移，因而可能产生深层渗漏，导致水分难以被果树吸收。而 S1H1 处理（灌水器埋深 20cm），则可能由于水分部分经由表面蒸发损失，使得部分土层的土壤含水率可能较低，因此可能有部分的水分利用不到，因而使得苹果果实的含水率并不高，就与 CK 处理较为接近。

表 7-19　苹果水分、可溶性固形物、可滴定酸、还原糖和维生素 C 含量

处理	水分/%		可溶性固形物/%		可滴定酸/%		还原糖/%		维生素 C 含量/(mg/100FW)	
	平均值	标准差	平均值	标准差	平均值	标准差	平均值	标准差	平均值	标准差
CK	85.40[c]	4.27	12.33[a]	0.29	1.87[a]	0.10	127.06[a]	51.06	2.97[c]	0.03
S1H1	85.63[a]	4.28	11.17[b]	0.29	2.28[a]	0.12	128.69[a]	18.09	3.77[a]	0.08
S1H2	86.23[b]	4.31	11.33[b]	0.29	2.35[a]	0.13	96.06[a]	56.13	3.56[b]	0.10
S1H3	86.17[c]	4.31	10.67[b]	0.29	1.89[a]	0.10	79.54[a]	34.02	3.13[c]	0.04
S3H2	86.13[b]	4.19	11.57[b]	0.18	2.25[a]	0.12	80.98[a]	40.25	3.26[b]	0.09

表 7-19 也给出了 4 个处理条件下苹果可溶性固形物、可滴定酸、还原糖和维生素 C 含量的变化规律。可以看出，采用小流量微压滴灌技术和传统地下滴灌技术对可溶性固形物和维生素 C 含量有一定影响，但是对可滴定酸、还原糖和硬度的影响较小。在小流量微压滴灌条件下，苹果的可溶性固形物降低，但是维生素 C 含量有了显著提升。一般情况下，灌水量越大，维生素 C 含量就越低。但是在本研究中，虽然小流量微压滴灌和地下滴灌技术均增加了灌水量，但是维生素 C 含量反而有所提升，这可能主要是在黄土高原地区，水分是限制果树成长的一个主要因素。由于提高了水分供应，果树生长状态变好，因此维生素 C 含量有所提升。

7.3.6 苹果产量和水分利用效率

表 7-20 为不同处理条件下 2017 年和 2018 年苹果产量、灌水量、耗水量、水分利用效率和灌溉水分利用效率。

表 7-20　苹果产量、灌水量、耗水量、水分利用效率和灌溉水分利用效率

指　标	2017					2018				
	CK	S1H1	S1H2	S1H3	S3H2	CK	S1H1	S1H2	S1H3	S3H2
灌水量 I/mm	0.0	105.7	106.7	102.6	90.4	0.0	84.4	82.3	83.4	98.6
降雨量 P/mm	456.4	456.4	456.4	456.4	456.4	487.8	487.8	487.8	487.8	487.8
抽芽前储水量 W_0/mm	188.8	182.8	190.3	179.6	188.9	179.3	231.2	206.2	244.2	265.0
采收后储水量 W_1/mm	176.1	268.4	243.8	265.0	224.4	201.8	252.3	256.8	250.0	305.7
耗水量 ET/mm	469.0	476.5	509.6	473.5	511.3	465.4	551.1	519.4	565.4	545.7
产量/(kg/亩)	1050	1924	2000	1748	1855	830	1242	1354	1160	1262
水分利用效率 WUE/(kg/m³)	3.4	6.1	5.9	5.5	5.4	2.7	3.4	3.9	3.1	3.5
灌溉水分利用效率 IWUE/(kg/m³)		27.3	28.1	25.6	30.8		22.1	24.7	20.9	19.2

由表 7-20 中可以看出，2017 年，小流量微压滴灌各处理（S1H1、S1H2、S1H3）较 CK 增产 83.2%、90.4% 和 66.5%，地下滴灌较 CK 增产 76.6%；2018 年，小流量微压滴灌各处理（S1H1、S1H2、S1H3）较 CK 增产 49.6%、63.1% 和 39.8%，地下滴灌较 CK 增产 52.0%。2017 年，小流量微压滴灌各处理（S1H1、S1H2、S1H3）较地下滴灌增产 3.7%、7.8% 和 −5.7%；2018 年，小流量微压滴灌各处理（S1H1、S1H2、S1H3）较地下滴灌增产 −1.5%、7.3% 和 −8.0%。可以看出，采用灌溉措施条件下，苹果产量有了较大增长，一般都在 40% 以上。但是两种灌溉方式之间，增产效果则不同，在小流量微压滴灌灌水器埋深为 40cm 的 S1H2 处理，两年均为增产，平均增产 7.6%；但 S1H3 则均为减产，平均减产 6.9%；而 S1H3 平均增产为 1.1%，2018 年甚至为减产。这可能主要是由于灌水器埋深不同，使得土壤水分分布范围不同，湿润体和苹果根系不匹配，导致根系吸水受限，因此对于黄土高原山地苹果树小流量微压滴灌系统布设，陶瓷灌水器的适宜埋深应当为 40cm。

由表 7-20 中可以看出，对于小流量微压滴灌灌水器不同埋深条件下，两年的灌水量有显著区别，2018 年的灌水量比 2017 年明显下降。一方面是因为在成熟采收期降雨量为 0.4mm（2017 年），而 2018 年为 110mm，因此使得土壤含水率高，进入土壤的灌溉水就会相应减少；另一方面可能是由于灌水器在使用过程中发生了一定的生物堵塞，使得灌水器流量降低（图 7-17），以 S1H2 为例，2017 年灌水器平均流量为 0.15L/h，而 2018 年则为 0.12L/h。对于地下滴

图 7-17　灌水器发生生物堵塞

灌，由于是按照灌溉天数进行灌溉，定时定量，2018 年比 2017 年多灌水 1 次，因此使得灌水量有所增加。

通过水量平衡方程计算，得到了各处理下的耗水量。不同处理条件下耗水量和苹果产量的关系如图 7-18 所示。可以看出，在不同的年份，耗水量和苹果产量的关系基本上表现为抛物线形，但是区别在于极值点不同。说明对于一定的气候条件下，并非耗水量越大，越有利于作物的生长。对于黄土高原地区的苹果而言，其适宜耗水量应当为 490～520mm。而且可以看出，小流量微压滴灌处理，其耗水量较 CK 对照处理有所增加，但是其产量也有了大幅度提升。由表 7-20 中的水分利用效率和灌溉水分利用效率可以看出，使用小流量微压滴灌系统可以显著提高苹果树的水分利用效率，埋深 40cm 的处理 S1H2 的水分利用效率和灌溉水分利用效率最高。

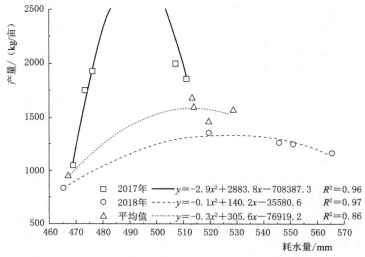

图 7-18　不同处理下耗水量和苹果产量关系

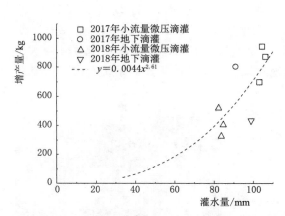

图 7-19　不同处理条件下灌水量与增产量关系

根据表 7-20 的内容计算灌溉水的增产效益如图 7-19 所示。由图 7-19 中可以看出，在干旱地区，增加一定量的灌溉量，可以提高苹果的产量，当灌水量在 100mm 左右时，增产量可以达到 900kg 左右。但是在遭遇极端天气的时候，增加灌溉量的效果可能并不会起到很好的作用。

7.3.7　苹果果实品质综合评价

苹果果实品质指标共采取 12 个，包括产量、水分利用效率、单果重、体积、横径、水分、维生素 C 含量、可溶性固形物、可滴定酸、还原糖、硬度和果形指数（以 2017 年数据为例）。为了对苹果品质进行定量评价分析，采用 SPSS 软件对苹果各品质指标进行主成分分析。首先提取出 3 个主成分，而后根据每个主成分的特征值在累计特征值中的贡献率［式（7-6）］建立苹果品质综合评价指标：

$$Z_F = \frac{\lambda_1}{\lambda_1 + \lambda_2 + \lambda_3} F_1 + \frac{\lambda_2}{\lambda_1 + \lambda_2 + \lambda_3} F_2 + \frac{\lambda_3}{\lambda_1 + \lambda_2 + \lambda_3} F_3 \tag{7-6}$$

SPSS 主成分分析提取出 3 个主成分，其中第一主成分特征值的贡献率最大，占 40.95%，其中还原糖、果形指数和横径所占比重最大，第二主成分中维生素 C 含量、产量和水分利用效率占比重最大，特征值占总特征值的 38.10%。第三主成分中占比较大的是硬度。三个主成分特征值累计贡献率达到了 96.42%，可以代表全部 12 个指标的信息。主成分分析后的成分载荷矩阵如表 7-21 所示。

表 7-21　　　　　　　　　　　　　主成分分析后的成分载荷矩阵

指　标	成　分		
	1	2	3
水分	0.920	−0.305	−0.227
还原糖	−0.720	0.597	0.141
果形指数	−0.568	0.808	0.024
维生素 C 含量	0.479	0.850	0.142
可滴定酸	0.554	0.755	−0.309
单果重	0.997	−0.022	−0.052
横径	0.845	−0.481	−0.016
体积	0.931	0.034	0.225
硬度	−0.626	−0.204	0.715
产量	0.920	0.379	0.081
水分利用效率	0.880	0.405	0.246
可溶性固形物	−0.812	0.114	−0.542

根据主成分分析的结果，得到了苹果品质综合指标如表 7-22 所示。从品质综合指标结果来看，S1H2、S1H3 和 S3H2 处理苹果综合指标均为正值，而 CK 和 S1H1 处理均为负值。同时 S1H2 处理下苹果品质综合指标达到了最大，与 S1H3 处理下较为接近，结合对苹果各项指标以及产量、水分利用效率、增产量等方面的分析，综合认为 S1H2 处理（埋深为 40cm 的小流量微压滴灌处理），在保证产量的前提下，可较好地保证苹果品质，是黄土高原等干旱和半干旱地区苹果栽植中较为适宜的小流量微压滴灌灌水器埋深。

表 7-22　　　　　　　　　　　　　苹果品质综合指标

处　理	CK	S1H1	S1H2	S1H3	S3H2
苹果品质综合指标	−97.6	−8.2	46.7	39.6	19.5

7.3.8　讨论

1. 苹果地平均含水率随时间变化

图 7-20 为 2017 年和 2018 年苹果园中距离苹果树主干 20cm 处 100cm 深度内土壤

平均含水率随时间变化曲线，可以看出是否采用小流量微压滴灌技术，其土壤水分时空变化特征呈现出不同的变化规律。黄土高原山地苹果园 100cm 深度内平均含水率随时间和天气因素的变化较大。在 0～100cm 深度土层内，2017 年对照处理（CK）多次平均含水率为 17.4％，小流量微压滴灌处理（S1H1、S1H2 和 S1H3）分别为 20.3％、19.6％和 19.0％，显著高于对照处理（CK），但是与地下滴灌处理（19.5％）差别不大，小流量微压滴灌 3 个处理分别比对照处理（CK）高出 16.6％、12.7％和 9.3％。因此使用小流量微压滴灌技术可以明显提高土层中的含水率，促进苹果生长。同样，2018年对照处理（CK）多次平均含水率为 19.9％，小流量微压滴灌处理（S1H1、S1H2 和 S1H3）分别为 24.3％、22.7％和 23.4％，显著高于对照处理（CK），但是与地下滴灌处理（24.8％）差别不大，小流量微压滴灌 3 个处理分别比对照处理（CK）高出 22.6％、14.6％和 18.0％。

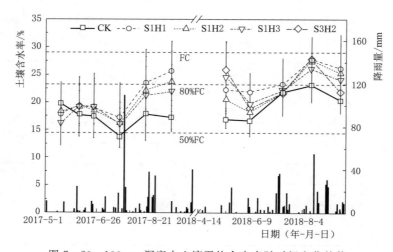

图 7-20　100 cm 深度内土壤平均含水率随时间变化趋势

由图 7-20 可以看出，2017 年 5—7 月果园范围内降雨量较少，从 7 月 20 日后，黄土高原进入降雨丰沛期，使得土壤含水率有了一定程度的提升。但是在 5—7 月，由于降雨量少，苹果生产消耗大量的水分，因此 CK 处理的苹果根系附近的土壤含水率发生了较大的变化，由 19.8％逐渐减小为 13.8％，由于 7 月的连续干旱导致 7 月 21 日土壤平均含水率达到了最小值 13.8％，小于 50％的田间持水率。但是在小流量微压滴灌条件下，S1H1、S1H2 和 S1H3 土壤平均含水率的变异系数分别为 0.77、1.02 和 1.68，地下滴灌处理的变化率为 1.59，均远小于 CK 处理的变化率 2.51。同时 4 个灌溉处理的含水率在 5—7 月中均维持在 50％～80％的田间持水率之间。因此在使用小流量微压滴灌条件下，果园中的土壤水分可以维持在一个较为稳定的范围内且适宜于作物生长。

7 月 20 日后，由于连续降雨，苹果园内土壤含水率增长较快，因此雨水补充了前期土壤缺水情况，土壤含水率有不同幅度的提升。表 7-23 给出了两年内在雨季前后土壤平均含水率的变化值，可以看出，2017 年 S1H1、S1H2、S1H3、S3H2 和 CK 处理的土层内平均含水率分别增加36％、29％、23％、11％和2％。2018年情况与2017年类似，因此不再赘述。这主要是由于CK处理在雨季之前土壤消耗大量的水分，已经出现了含水率低值，后期的降雨补充到土壤之中，被作物大量消耗，因此增量不大。而对于小流量微压滴灌和地下滴灌，前期土壤水分供应充足，降雨后水分将会储存在土壤之中，因此造成含水率在雨季前后有了较大变化。小流量微压滴灌由于在作物生育期以较小的流量持续为作物供水，所以可以实时补充土壤水分。地下滴灌由于利用土壤含水率的上下限来控制灌水量，可以有效地使土壤水分维持在一个较为合理的区间内，有利于作物生长，但是也可以看出，在2017年、2018年苹果果实膨大期后期和采收期，地下滴灌土壤含水率均较高，甚至有部分土层土壤含水率超过田间持水率，这对苹果生长十分不利。因此在此后的研究中，需要在膨大期后期中断供水，同时有必要采取覆膜等措施隔绝降雨的影响。

从表7-23中还可以看出，由于2018年在苹果的成熟采收期，大量降雨使得该阶段的土壤含水率要明显高于2017年，而且对于S1H1和S3H2处理其平均含水率已经接近田间持水率，因此有必要减少灌水量，维持土壤含水率在适宜范围内。

表 7 - 23　　　　　　　　　　　　　土 壤 含 水 率 变 化

时　间		处　理				
		CK	S1H1	S1H2	S1H3	S3H2
2017 年	前期	17.25	18.07	17.84	17.62	18.80
	后期	17.62	24.63	23.03	21.69	20.91
	增量	2％	36％	29％	23％	11％
2018 年	前期	18.57	22.52	20.27	22.28	22.17
	后期	21.78	27.06	26.46	25.15	28.83
	增量	17％	20％	31％	13％	30％

2. 苹果地垂直含水率变化特征

图7-21分别为7月3日和9月15日垂直方向土壤含水率的变化特征。由于前期持续干旱，7月3日前，5个处理的土壤水分均有较大消耗，而黄土高原日蒸发量较大，因此表层土壤水分消耗量则更为明显，图中CK处理的表层10cm处土壤含水率仅有8.87％，接近于土壤的凋萎系数，因此可能会对苹果的生长产生影响。对于S1H1、S1H2和S1H3处理而言，随着陶瓷灌水器埋设深度的不同，土壤最大含水率出现在灌水器平面上，但此处含水率差别最大出现在40cm处，S1H3处理与CK含水率相差4.96％，其次为40cm处，S1H2处理与CK含水率相差4.91％。S1H3处理60cm以下土层的含水率较其他处理要高，对于苹果园中小流量微压滴灌，60cm的灌水器埋深可能会导致部分灌溉水超过苹果树的有效根系层，造成深层渗漏（Cai et al.，2018）；同时埋深60cm会耗费大量劳动力用于前期管道埋设，因此在苹果树种植过程中，如果需要应用小流量微压滴灌技术，应当使灌水器埋深小于60cm。由图7-21可以看出，在连续多日降雨后，土壤水分得到了极大补充。此时蜜脆作为中熟品种已经开始收获，但灌溉系统尚未关闭，造成小流量微

压滴灌处理下土壤含水率过高，部分土壤中含水率达到了 33％，已经超过了土壤田间持水率，因此造成了不必要的浪费。但对于 CK 处理而言，尽管 8 月与 9 月有较多降雨，但是其土壤含水率基本维持在 0.17 左右，陕北地区冬季与春季降雨量较少，因此可以进行适当的冬季补灌或春灌。

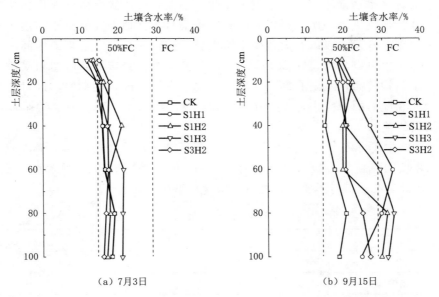

图 7-21　2017 年 7 月 3 日和 9 月 15 日垂直方向土壤含水率变化（FC 为田间持水量）

在干旱、半干旱地区，水是限制植物营养生长和提高产量的关键因素，植物根系水分吸收过程是有效灌水管理的关键环节。小流量微压滴灌处理能有效提高根层以下土壤含水量，补偿冬春干旱季节果树生长耗水，使苹果树受到的干旱胁迫较小，提高产量、苹果树新梢长度。因此综合苹果生长、产量和果园土壤含水率的变化情况，灌水器埋深为 60cm 的小流量微压滴灌处理的苹果生长参数与产量和灌水器埋深为 40cm 的处理无显著差异。但其埋深 60cm 的处理可能会导致土壤水分向深层运移，超过作物根系层，导致深层渗漏现象发生，且深埋导致人工费显著增加，因此埋深 60cm 是灌水布设方式的次优选择。灌水器埋深为 40cm 的小流量微压滴灌显著促进苹果树新梢生长、横径和产量，是黄土高原等干旱和半干旱地区苹果栽植中较为适宜的布置方式。

综上，本章通过温室生菜、室外盆栽辣椒和大田苹果试验，研究了小流量微压滴灌对作物生长和产量的影响，结果表明，小流量微压滴灌能保持土壤水分稳定，有利于作物生长和产量的提高。

参 考 文 献

白丹，1992. 多孔管沿程压力分析. 农业机械学报，23（3）：49-55.

蔡小超，刘焕芳，李强，等，2005. 微灌自压软管毛管灌水均匀度的试验研究. 节水灌溉，（5）：8-10.

陈渠昌，郑耀泉，1995. 微灌工程设计灌水均匀度的选定. 农业工程学报，11（2）：128-132.

陈家宙，陈明亮，何圆球，2001. 土壤水分状况及环境条件对水稻蒸腾的影响. 应用生态学报，12（1）：63-67.

董文楚，1998. 我国微灌首部枢纽现状：节水灌溉. 北京：中国农业出版社.

杜太生，康绍忠，夏桂敏，等，2005. 滴灌条件下不同根区交替湿润对葡萄生长和水分利用的影响. 农业工程学报，21（11）：43-48.

范兴科，吴普特，牛文全，等，2006. 低压滴灌及其优势和发展潜力，中国节水农业发展战略研究与实践. 北京：中国农业科学技术出版社，469-471.

冯吉，孙昊苏，李云开，2013. 滴灌灌水器内颗粒物运动特性的数字粒子图像测速. 农业工程学报，29（13）：90-97.

傅琳，董文楚，郑耀泉，1987. 微灌工程技术指南. 北京：水利电力出版社.

傅琳，1998. 微灌技术发展中的问题：节水灌溉. 北京：中国农业出版社.

高庆芳，1992. 大棚辣椒需水量及节水灌溉研究. 江苏农业科学，（1）：46-47.

GB/T 50485—2009. 微灌工程技术规范. 北京：中国计划出版社.

顾烈烽，2005. 滴灌工程设计图集. 北京：中国水利水电出版社.

关新元，尹飞虎，陈云，2002. 滴灌随水施肥技术综述. 新疆农垦科技，（3）：43-44.

郭富常，孟广云，1993. 定植方式和灌水量对大棚甜椒生长和产量的影响. 中国蔬菜，（1）：10-12.

郭庆人，魏茂庆，朱嘉冀，2000. 迷宫式滴灌带生产及其在节水灌溉中的应用. 中国塑料，14（2）：53-55.

胡笑涛，康绍忠，马孝义，2000. 地下滴灌灌水均匀度研究现状及展望. 干旱地区农业研究，18（2）：113-117.

黄兴学，邹志荣，2002. 温室辣椒节水灌溉指标的研究. 陕西农业科学，（3）：8-10.

霍海霞，2008. 灌水控制上限对辣椒耗水及产量的试验研究. 西北农林科技大学硕士学位论文.

架雨时，1990. 塑料大拥黄瓜的灌水始点. 灌溉排水，9（1）：62-63.

康绍忠，马孝义，韩克敏，等，1999. 21世纪的农业水土工程. 干旱地区农业研究，17（1）：1-6.

康绍忠，许迪，2001. 我国现代农业节水高新技术发展战略的思考. 中国农村水利水电，（10）：25-29.

康绍忠，胡笑涛，蔡焕杰，等，2004a. 现代农业与生态节水的理论创新及研究重点. 水利学报，35（12）：1-7.

康绍忠，蔡焕杰，冯绍元，2004b. 现代农业与生态节水的技术创新与未来研究重点. 农业工程学报，20（1）：1-6.

康银红，马孝义，李娟，等，2008. 黄土高原重力式地下滴灌水分运动模型与分区参数研究. 农业机械学报，39（3）：90-95.

康跃虎，1999. 微灌系统水力学解析和设计. 西安：陕西科学技术出版社.

康跃虎，王凤新，刘士平，等，2004. 滴灌调控土壤水分对马铃薯生长的影响. 农业工程学报，20（2）：66-72.

雷志栋，杨诗秀，谢森传，1988. 土壤水动力学. 北京：清华大学出版社.

李道西，2003. 地下滴灌土壤水分运动数值模拟研究. 武汉大学硕士论文.

李光永，郑耀泉，曾德超，等，1996a，地埋点源非饱和土壤水运动的数值模拟. 水利学报，（11）：47-56.

李光永，曾德超，段中锁，等，1996b，地埋点源滴灌土壤水运动规律的研究. 农业工程学报，12（3）：66-71.

李光永，曾德超，郑耀泉，1998. 地表点源滴灌土壤水运动的动力学模型与数值模拟. 水利学报，（11）：21-25.

李光永，2001. 世界微灌发展态势. 节水灌溉，（2）：24-27.

李久生，张建君，饶敏杰，2005. 滴灌施肥灌溉的水氮运移数学模拟及试验验证. 水利学报，36（8）：1-10.

李久生，栗岩峰，王军，等，2016. 微灌在中国：历史、现状和未来. 水利学报，47（3）：372-381.

李就好，谭颖，张志斌，等，2005. 滴灌条件下砖红壤水分运动试验研究. 农业工程学报，21（6）：36-39.

李明思，康绍忠，孙海燕，2006. 点源滴灌滴头流量与湿润体关系研究. 农业工程学报，22（4）：32-35.

李明思，2006. 膜下滴灌灌水技术参数对土壤水热盐动态和作物水分利用的影响. 杨凌：西北农林科技大学博士学位论文.

李远华，1999. 节水灌溉理论与新技术. 武汉：武汉水利电力大学出版社.

李云开，杨培岭，任树梅，等，2007. 分形流道设计及几何参数对滴头水力性能的影响. 机械工程学报，43（7）：109-114.

刘洁，王聪，魏青松，等，2014. 波动水压参数对灌水器水力性能影响试验. 河海大学学报（自然科学版），（4）：361-366.

刘亭亭，胡田田，陈思，2016. 番茄中番茄红素含量对各生育阶段土壤水分的响应. 西北农林科技大学学报（自然科学版），44（4）：2-9.

刘杨，刘巨保，罗敏，2008. 有限元分析及应用. 北京：中国电力出版社.

芦刚，史玉升，魏青松，等，2007. 基于两相流模拟的高抗堵滴灌灌水器开发方法. 华中科技大学学报自然科学版，35（7）：118-121.

芦刚，2010. 工作水压对滴灌灌水器水力性能影响规律的研究. 武汉：华中科技大学博士学位论文.

卢黎霞，陈云玲，2006. 统计学原理. 武汉：武汉理工大学出版社.

马福才，彭贵芳，1992. 补偿式滴头的研制. 喷灌技术，（1）：16-19.

聂世虎，鲁宏建，曹永智，2002. 降低微灌工程投资的措施. 节水灌溉，（6）：27-33.

牛文全，吴普特，范兴科，2004. 微灌系统综合流量偏差率的计算方法. 农业工程学报，20（6）：85-88.

牛文全，吴普特，范兴科，2005a. 低压滴灌系统研究. 节水灌溉，（2）：29-32.

牛文全，吴普特，范兴科，2005b. 微灌系统综合流量偏差率与灌溉均匀度模拟计算. 灌溉排水学报，24（1）：69-71.

牛文全，2006. 微压滴灌技术理论与系统研究. 杨凌：西北农林科技大学博士学位论文.

牛文全，吴普特，喻黎明，2010. 基于含沙量等值线的迷宫流道结构抗堵塞设计与模拟. 农业工程学报，26（5）：14-20.

秦为耀，丁必然，曾建军，2000. 节水灌溉技术. 北京：中国水利水电出版社.

任理，毛萌，2008. 农药在土壤中运移的模拟. 北京：科学出版社.

山仑，黄占斌，张岁岐，2000. 节水农业. 北京：清华大学出版社.

山仑，康绍忠，吴普特，等，2004. 中国节水农业. 北京：中国农业出版社.

山仑，张岁岐，2006. 能否实现大量节约灌溉用水——我国节水农业现状与展望. 自然杂志，28（2）：71-74.

邵明安，黄明斌，2000. 土-根系统水动力学. 西安：陕西科学技术出版社.

水利部国际合作司，水利部农村水利司，中国灌排技术开发公司等编译，1998. 美国国家灌溉工程手册. 北京：中国水利水电出版社.

苏德荣，1991. 微灌系统压力变化对出流均匀度影响的概率分析. 水利学报，（12）：31-35.

孙海燕，王全九，2007. 滴灌湿润体交汇情况下土壤水分运移特征的研究. 水土保持学报，21（2）：115-118.

孙景生，康绍忠，2000. 中国水资源利用现状与节水灌溉发展对策. 农业工程学报，16（2）：1-5.

唐小明，樊廷录，王勇，等，2012. 深层入渗对土壤含水率和苹果产量的影响. 灌溉排水学报，31（1）：132-134.

童水森，潘就兴，1999. 喷灌系统田间管网的优化设计及其投资比较. 节水灌溉，（3）：4-8.

王宝英，1996. 农作物高产的适宜土壤水分指标研究. 灌溉排水，15（3）：35-39.

王聪，2011. 波动水压对灌水器水力性能影响的实验研究. 武汉：华中科技大学硕士学位论文.

王广智，罗金耀，燕在华，1998. 喷微灌灌水技术特性参数研究. 节水灌溉，（4）：20-22.

王留运，1999. 微灌系统毛管与微管灌水器的水力学计算及设计程序. 节水灌溉，（6）：14-17.

王留运，叶清平，岳兵，2000. 我国微灌技术发展的回顾与预测. 节水灌溉，（3）：3-7.

王伟，李光永，段中琐，2000. 低水头灌溉系统研究. 节水灌溉，（3）：36-39.

王文娥，王福军，严海军，2006. 迷宫滴头 CFD 分析方法研究. 农业机械学报，37（10）：70-73.

王新华，1998. 自压喷灌设计中干管管径计算方法的探讨. 节水灌溉，（6）：2-5.

王新坤，2004. 微灌管网水力解析及优化设计研究. 杨凌：西北农林科技大学博士学位论文.

汪志农，2000. 灌溉排水工程学. 北京：中国农业出版社.

汪志农，尚虎军，2002. 水灌溉预报、管理与决策专家系统研究. 水土保持研究，9（2）：102-105.

汪志荣，王文焰，王全九，等，2000. 点源入渗土壤水分运动规律实验研究. 水利学报，（6）：39-44.

魏正英，2003. 迷宫型滴灌灌水器结构设计和快速开发技术研究. 西安：西安交通大学博士学位论文.

魏正英，赵万华，唐一平，等，2005. 滴灌灌水器迷宫流道主航道抗堵设计方法研究. 农业工程学报，21（6）：1-7.

魏正英，唐一平，温聚英，等，2008. 灌水器微细流道水沙两相流分析和微 PIV 及抗堵实验研究. 农业工程学报，24（6）：1-9.

吴持恭，2008. 水力学（第四版）. 北京：高等教育出版社.

吴普特，冯浩，牛文全，等，2003. 中国用水结构发展态势与节水对策分析. 农业工程学报，19（1）：1-6.

吴普特，冯浩，2005. 中国节水农业发展战略初探. 农业工程学报，21（6）：152-157.

吴普特，冯浩，赵西宁，等，2006a. 现代节水农业理念与技术探索. 灌溉排水学报，25（4）：1-6.

吴普特，冯浩，牛文全，等，2006b. 中国节水农业战略思考与研发重点. 科技导报，24（5）：86-88.

吴顺唐，邓之光，1993. 有限差分方程概论. 南京：河海大学出版社.

许迪，程先军，2002. 地下滴灌土壤水分运动和溶质运移数学模型的应用. 农业工程学报，18（1）：27-31.

许迪，吴普特，梅旭荣，等，2003. 中国节水农业科技创新成效与进展. 农业工程学报，19（3）：5-9.

徐建海，吴兴旺，2001. 滴灌技术与滴灌管（带）生产技术现状与发展前景. 塑料科技，（3）：37-41.

杨树寻，邹志强，1999. 喷灌田间管网数值计算. 节水灌溉，（3）：10-14.

喻黎明，梅其勇，2014. 迷宫流道灌水器抗堵塞设计与PIV试验. 农业机械学报，45（9）：155-160.

喻黎明，谭弘，常留红，等，2016. 基于CFD-DEM耦合的迷宫流道水沙运动数值模拟. 农业机械学报，47（8）：65-71.

袁志发，周静芋，2002. 多元统计分析. 北京：科学出版社.

曾向辉，王慧峰，戴建平，等，1998. 温室西红柿滴灌灌水制度试验研究. 灌溉排水，18（4）：23-26.

赵万华，丁玉成，2003. 滴灌用灌水器的现状及分析. 节水灌溉，（1）：17-20.

赵伟霞，蔡焕杰，陈新明，等，2007. 无压灌溉土壤湿润体含水率分布规律与模拟模型研究. 农业工程学报，23（3）：7-12.

张丰，周石，魏永曜，1999. 应用图论及广义简约梯度法进行压力管网优化设计. 水利学报，（1）：77-79.

张国祥，1991. 微灌毛管水力设计的经验系数法. 节水灌溉，（1）：4-8.

张国祥，吴普特，2005. 滴灌系统滴头设计水头的取值依据. 农业工程学报，21（9）：20-22.

张国祥，2006. 考虑三偏差因素的滴灌系统流量总偏差率. 农业工程学报，22（11）：27-29.

张国祥，2008. 用凯勒均匀度进行微灌系统设计的质疑. 农业工程学报，24（8）：6-9.

张林，吴普特，范兴科，2008. 低压滴灌系统中毛管适宜管径确定方法. 第五届博士生学术年会论文集. 北京：中国科学技术出版社，517-521.

张林，吴普特，牛文全，等，2007. 均匀坡度下滴灌系统流量偏差率的计算方法. 农业工程学报，23（8）：40-44.

张林，范兴科，吴普特，2008. 低压条件下滴灌灌水均匀度试验研究. 灌溉排水学报，27（5）：22-24.

张林，范兴科，吴普特，等，2009. 均匀坡度下考虑三偏差的滴灌系统流量偏差率的计算. 农业工程学报，25（4）：7-14.

张万清，1996. 土壤水分张力对大棚黄瓜生长发育的影响. 中国农学通报，12（4）：23-25.

张文生，2008. 科学计算中的偏微分方程有限差分法. 北京：高等教育出版社.

张亚哲，申建梅，王建中，2007. 地面滴灌技术的研究现状与发展. 农业环境与发展，（1）：20-26.

张振华，蔡焕杰，郭永昌，等，2002. 滴灌土壤湿润体影响因素的实验研究. 农业工程学报，18（2）：17-20.

朱德兰，2005. 滴灌系统优化设计研究及其软件系统开发. 中国科学院研究生院博士学位论文.

朱德兰，吴普特，2006. 微地形影响下滴灌均匀度设计指标研究. 排灌机械，24（1）：22-26.

朱树人，1999. 我国节水灌溉的发展前瞻. 中国农村水利水电，（7）：9-11.

朱尧洲，1989. 喷灌工程设计手册. 北京：水利电力出版社.

郑超，吴普特，张林，等，2015. 动态水压下迷宫流道水流运动特性研究. 农业机械学报，46（5）：167-172.

郑超，吴普特，张林，等，2017. 不同动态水压模式下迷宫流道内颗粒物运动特性研究. 农业机械学报，48（3）：294-301.

郑纯辉，康跃虎，2005. 满足灌水器平均流量和灌水均匀度的微灌系统优化设计方法. 干旱地区农业研究，23（1）：28-33.

郑耀泉，宁堆虎，1991. 滴头制造偏差的模拟与滴灌系统随机设计方法的研究. 水利学报，（7）：1-7.

诸葛玉平，张玉龙，李爱峰，等，2002. 保护地番茄栽培渗灌灌水指标的研究. 农业工程学报，18（2）：53－57.

Assouline S，Moller M，Cohen S，et al.，2006. Soil－plant system response to pulsed drip irrigation and salinity. Soil Science Society of America Journal，70（5）：35－42.

Anyoji H，Wu I P，1987. Statistical approach for drip lateral design. Transactions of the ASAE，30（1）：187－192.

Anyoji H，Wu I P，1994. Normal distribution water application for drip irrigation schedules. Transactions of the ASAE，37（1）：159－164.

Badr M A，Taalab A S，2007. Effect of Drip Irrigation and Discharge Rate on Water and Solute Dynamics in Sandy Soil and Tomato Yield. Australian Journal of Basic and Applied Sciences，1（4）：545－552.

Barragan J，Wu I P，2005. Simple pressure parameters for microirrigation design. Biosystem Engineering，90（4）：463－475.

Ben－Asher J，Yano T，Shainberg I，2003. Dripper discharge rates and the hydraulic properties of the soil. Irrigation and Drainage Systems，17（4）：325－339.

Bhatnagar P R，Srivastava R C，2003. Gravity－fed drip irrigation system for hilly terraces of the northwest Himalayas. Irrigation Science，21（4）：151－157.

Bhatnagar P R，Chauhan H S，2008. Soil water movement under a single surface trickle source. Agricultural Water Management，95（7）：799－808.

Bralts V F，Wu I P，Gitlin H M，1981a. Manufacturing variation and drip uniformity. Transactions of the ASAE，24（1）：113－119.

Bralts V F，Wu I P，Gitlin H M，1981b. Drip irrigation uniformity considering emitter plugging. Transactions of the ASAE，24（5）：1234－1240.

Bralts V F，Kesner C D，1983. Drip irrigation field uniformity estimation. Transactions of the ASAE，26（5）：1369－1374.

Bralts V F，Edwards D M，Kesner C D. 1985. Field evaluation of drip/trickle irrigation submain units. California：Drip/Trickle Irrigation in Action：Proceedings of the Third International Drip/Trickle Irrigation Congress，274－280.

Burt C M，2004. Rapid field evaluation of drip and microspray distribution uniformity. Irrigation and Drainage System，18（4）：275－297.

Cai Y，Wu P，Zhang L，et al.，2018. Prediction of flow characteristics and risk assessment of deep percolation by ceramic emitters in loam. Journal of Hydrology，566（11）：901－909.

Cook F J，Thorburn P J，Fitch P，et al.，2003. WetUp：a software tool to display approximate wetting patterns from drippers. Irrigation Science，22（3－4）：129－134.

Cote C M，Bristow K L，Charlesworth P B，et al.，2003. Analysis of soil wetting and solute transport in subsurface trickle irrigation. Irrigation Science，22（3－4）：143－156.

Dandy G C，Hassanli A M，1996. Optimum design and operation of multiple subunit drip irrigation systems. Journal of irrigation and drainage，122（5）：265－269.

Elmaloglou S，Diamantopoulos E，2007. Wetting front advance patterns and water losses by deep percolation under the root zone as influenced by pulsed drip irrigation. Agricultural Water Management，90（1－2）：160－163.

Gil M，Rodriguez－Sinobas L，Juana L，et al.，2008. Emitter discharge variability of subsurface drip irrigation in uniform soils：effect on water－application uniformity. Irrigation Science，26

(6)：451 - 458.

Graaf R D，Esmeijer M H，1998. Comparing calculated and measured water consumption in a study of the (minitnal) transpiration of cucumbers grown on rock wool. Acta Horticulturae，458 (3)：103 - 112.

Hassan G，Persaud N，Reneau R B，2005. Utility of Hydrus - 2D in modeling profile soil moisture and salinity dynamics under saline water irrigation of soybean. Soil Science，170 (1)：28 - 37.

Huang S，Dong W，Wei Q，et al. ，2006. Advanced methods to develop drip emitters with new channel types. Applied Engineering in Agriculture，22 (2)：243 - 249.

Janoudi A K，Widders I E，1993. Water deficits and environmental factors affect photosynthesis in leaves of cucumber. Journal of the American Society for Horticultural Science，118 (3)：366 - 370.

KangY H，Nishiyama S，1995. Hydraulic analysis of microirrigation submain units. Transactions of the ASAE，38 (5)：1377 - 1384.

KangY H，Nishiyama S，1996a. Analysis of microirrigation systems using a lateral discharge equation. Transactions of the ASAE，39 (3)：921 - 929.

KangY H，Nishiyama S，1996b. Design of microirrigation submain units. Journal of Irrigation and Drainage Engineering，ASCE，122 (2)：75 - 82.

KangY H，Nishiyama S，1996c. Analysis and design of microirrigation laterals. Journal of Irrigation and Drainage Engineering，ASCE，122 (2)：82 - 89.

KangY H，Nishiyama S，1996d. A simplified method for design of microirrigation laterals. Transactions of the ASAE，39 (5)：1681 - 1687.

KangY H，Nishiyama S，1996e. Chen H. Design of microirrigation laterals on nonuniform slopes. Irrigation Science，17 (1)：3 - 14.

KangY H，Nishiyama S，1997. An improved method for design of microirrigation submain unit. Irrigation Science，17 (4)：183 - 193.

Kang Y H，2000. Effect of operating pressures on microirrigation uniformity. Irrigation Science，20 (1)：23 - 27.

Keller J，Karmeli D，1974. Trickle irrigation design parameters. Transactions of the ASAE，17 (4)：678 - 684.

Khumoetsile M，Dani O，2003. Experimental and numerical evaluation of analytical volume balance model for soil water dynamics under drip irrigation. Soil Science Society of America，67 (6)：1657 - 1671.

Kirnak H，Doğan E，Demir S，et al. 2004. Determination of hydraulic performance of trickle irrigation emitter used in irrigation system in the Harran Plain. Turkish Journal of Agriculture &. Forestry，28 (4)：223 - 230.

Kozak J A，Reeves H W，Lewis B A，2003. Modeling radium and radon transport through soil and vegetation. Journal of Contaminant Hydrology，66 (3 - 4)：179 - 200.

Letey J，Vaux H J，Feinerman E，1984. Optimum crop water applications as affected by uniformity of water infiltration. Agronomy Journal，(76)：435 - 441.

Letey J，1985. Irrigation uniformity as related to optimum crop production additional research is needed. Irrigation Science，6 (4)：253 - 263.

Li J S，Ji H Y，Li B，et al. ，2007. Wetting Patterns and Nitrate Distributions in Layered - Textural Soils Under Drip Irrigation. Agricultural Sciences in China，6 (8)：970 - 980.

Li J S，Zhang J J，Rao M J，2004. Wetting patterns and nitrogen distributions as affected by fertigation strategies from a surface point source. Agricultural Water Management，67 (2)：89 - 104.

Lipiec J, Arvidsson J, Murer E, 2003. Review of modeling crop growth, movement of water and chemicals in relation to topsoil and subsoil compaction. Soil & Tillage Research, 73 (1 - 2): 15 - 29.

Lubana P S, Narda N K, 1998. Soil water dynamics model for trickle irrigated tomatoes. Agricutral Water Management, 37 (2): 145 - 161.

Meshkat M, Warner R C, Workman S R, 2000. Evaporation reduction potential in an undisturbed soil irrigated with surface drip and sand tube irrigation. Transactions of the ASAE, 43 (1): 79 - 86.

Nakayama F S, Bucks D A, Clemmens A J, 1979. Assessing trickle emitter application uniformity. Transactions of the ASAE, 22 (4): 816 - 821.

Paice G M, Griffith D V, Fenton G A, 1996. Finite element Modeling of settlements on spatially random soil. Journal of the Geotechnical Engineering Division, ASCE, 122 (9): 777 - 779.

Parchomchuk P, 1976. Temperature effects on emitter discharge rates. Transactions of the ASAE, 19 (4): 690 - 692.

Provenzano G, 2007. Using HYDRUS - 2D Simulation Model to Evaluate Wetted Soil Volume in Subsurface Drip Irrigation Systems. Journal of Irrigation and Drainage Engineering, 133 (4): 342 - 349.

Raes D, Deproost P, 2003. Model to assess water movement from a shallow water table to the root zone. Agricultural Water Management, 62 (2): 79 - 91.

Rodriguez - Sinobas L, Juana L, Losada A, et al., 1999. Effects of temperature changes on emitter discharge. Journal of Irrigation and Drainage Engineering, 125 (2): 64 - 73.

Schwartzman M, Zur B, 1986. Emitter spacing and geometry of wetted soil volume. Journal of Irrigation and Drainage Engineering, ASCE, 112 (3): 242 - 253.

Simunek J, Sejna M, Van Genuchten M T, 1999. The HYDRUS - 2D software package for simulating the two - dimensional movement of water, heat, and multiple solutes in variably - saturated media. California: U. S. salinity laboratory, Agricultural research service, U. S. Department of agriculture, Riverside.

Singh D K, Rajput T B S, Singh D K, 2006. Simulation of soil wetting pattern with subsurface drip irrigation from line source. Agricultural Water Management, 83 (1 - 2): 130 - 134.

Skaggs T H, Trout T J, Simunek J, et al., 2004. Comparison of HYDRUS - 2D simulation of drip irrigation with experimental observations. Journal of Irrigation and Drainage Engineering, ASCE, 130 (4): 304 - 310.

Solomon K, 1979. Manufacturing variation of trickle emitters. Transactions of the ASAE, 22 (5): 1034 - 1038.

Solomon K H, 1983. Irrigation uniformity and yield theory. Logan: Ph. D. thesis of Utah State University.

Solomon K H, 1984. Yield related interpretations of irrigation uniformity and efficiency measures. Irrigation Science, (5): 161 - 172.

Su N H, Matthew B, Louise M, et al., 2005. Simulating water and salt movement in tile - drained field irrigated with saline water under a serial biological concentration. Agricultural Water Management, 78 (3): 165 - 180.

Taylor H D, Bastos R, Person H W, et al., 1995. Drip irrigation with waste stabilization pond effluents: solving the problem of emitter fouling. Water Science Technology, 31 (12): 417 - 424.

Thabet M, Zayani K, 2008. Wetting patterns under trickle source in a loamy sand soil of South Tunisia. American - Eurasian Journal of Agricultural and Environmental Sciences, 3 (1): 38 - 42.

Thorburn P J, Cook F J, Bristow K L, 2003. Soil - dependent wetting from trickle emitters: implications for system design and management. Irrigation Science，22（3-4）：121-127.

Valiantzas J D，2005. Closure to "inlet pressure, energy cost, and economic design of tapered irrigation submains". Journal of irrigation and Drainage Engineering，131（5）：224-229.

Vallesquino P，Van Genuchten M T，1980. A close-form equation for predicting the hydraulic conductivity of unsaturated soils. Şoil Science Society of America Journal，44（44）：892-898.

Wei Z，Tang Y，Zhao W，et al.，2003. Rapid development technique for drip irrigation emitters. Rapid Prototyping Journal，9（2）：104-110.

Witelski T P，2005. Motion of wetting fronts moving into partially pre-wet soil. Advances in Water Resource，28（10）：1133-1141.

Wu I P，Gitlin H M，1975. Energy Gradient Line For Drip Irrigation Laterals. Journal of irrigation and drainage division，ASCE，101（4）：323-326.

Wu I P，Gitlin H M，1981. Preliminary concept of a drip irrigation network design. Transactions of the ASAE，24（2）：330-334.

Wu I P，Gitlin H M，1983a. Drip irrigation application efficiency and schedules. Transactions of the ASAE，26（1）：92-99.

Wu I P，Saruwatari C A，Gitlin H M，1983b. Design of drip irrigation lateral length on uniform slopes. Irrigation Science，4（2）：117-135.

Wu I P，1987. An assessment of hydraulic design of micro-irrigation systems. Agricultural Water Management，32（3）：275-284.

Wu I P，1988. Linearized water application function for drip irrigation schedules. Transactions of the ASAE，31（6）：1743-1749.

Zhang J，Zhao W，Tang Y，et al.，2011. Structural optimization of labyrinth-channel emitters based on hydraulic and anti-clogging performance. Irrigation Science，29（5）：351-357.

Zhang L，Wu P T，Zhu D L，et al.，2016. Flow regime and head loss in a drip emitter equipped with a labyrinth channel. Journal of Hydrodynamics，28（4）：840-847.

Zhang L，Wu P T，Zhu D L，et al.，2017. Effect of pulsating pressure on labyrinth emitter clogging. Irrigation Science，35（4）：267-274.

Zhang J，Elliott R L，1996. Two-dimensional simulation of soil water movement and peanut water uptake under field conditions. Transactions of the ASAE，39（2）：497-504.

Zhou Q Y，Kang S Z，Zhang L，et al.，2007. Comparison of APRI and Hydrus-2D models to simulate oil water dynamics in a vineyard under alternate partial root zone drip irrigation. Plant Soil，291（1-2）：211-223.

Zhou Q Y，Kang S Z，Li F S，2008. Comparison of dynamic and static APRI-models to simulate soil water dynamics in a vineyard over the growing season under alternate partial root-zone drip irrigation. Agricultural Water Management，95（7）：767-775.

Zur B，Tal S，1981. Emitter discharge sensitivity to pressure and temperature. Journal of Irrigation and Drainage Engineering，ASCE，107（1）：1-9.

Zur B，Ben-Hanan U，Rimmer A，et al.，1994. Control of irrigation amounts using velocity and position of wetting front. Irrigation Science，14（4）：207-212.

Zur B，1996. Wetted soil volume as a design objective in trickle irrigation. Irrigation Science，16（3）：101-105.